七日食べたら鏡をごらん

ホラ吹き昆布屋の挑戦

川嶋康男

新評論

卑弥呼や楊貴妃を人質に、ホラは吹いてみよ、
女性は口説いてみよ。
男五〇歳からの転職で魅せた「ホラ吹き昆布屋」
からの挑戦状。

「利尻屋みのや本店」と「ホラ吹き昆布館」

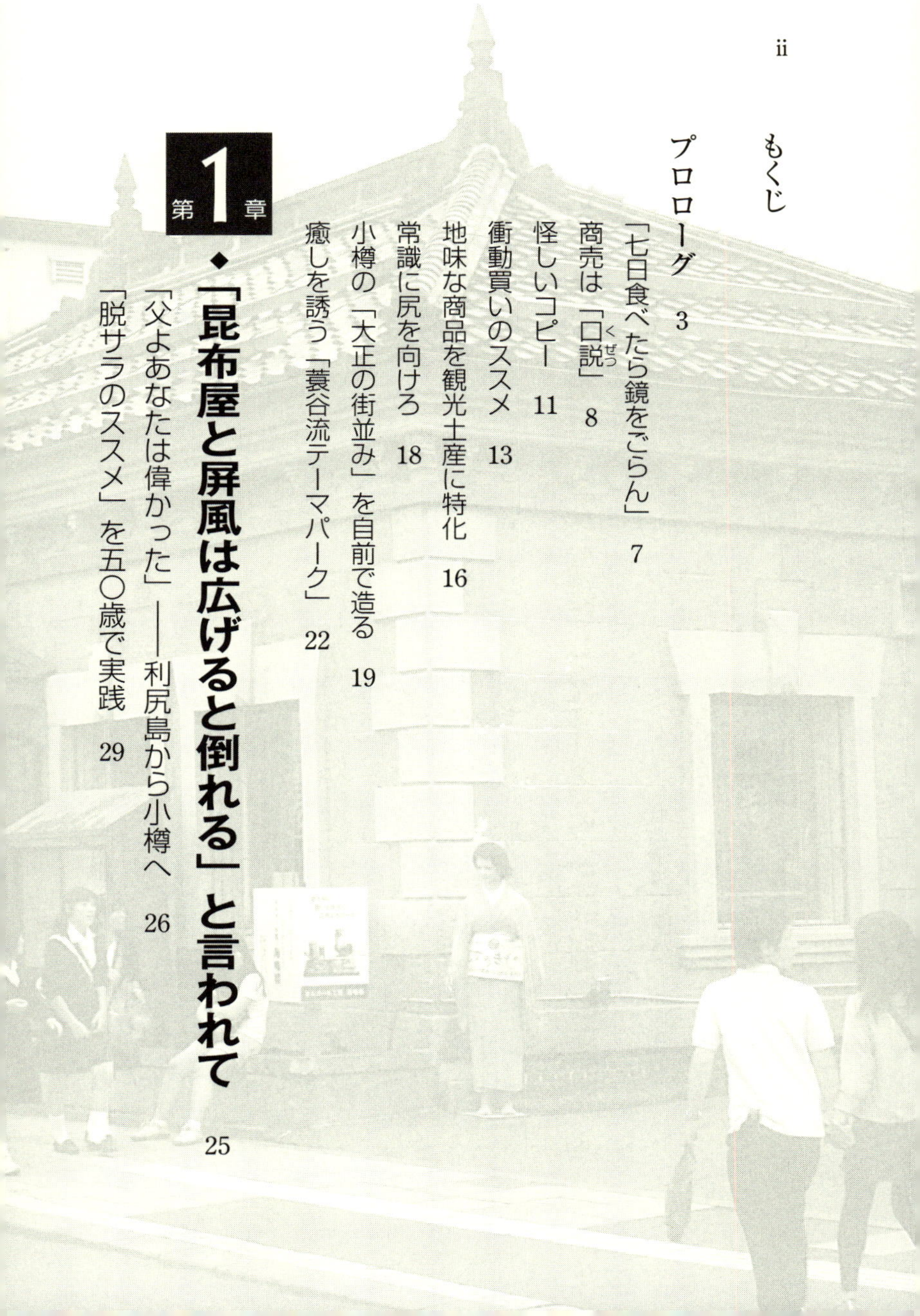

もくじ

第2章

◆歴史を「人質」にした平成の「諧謔《かいぎゃく》商売」　59

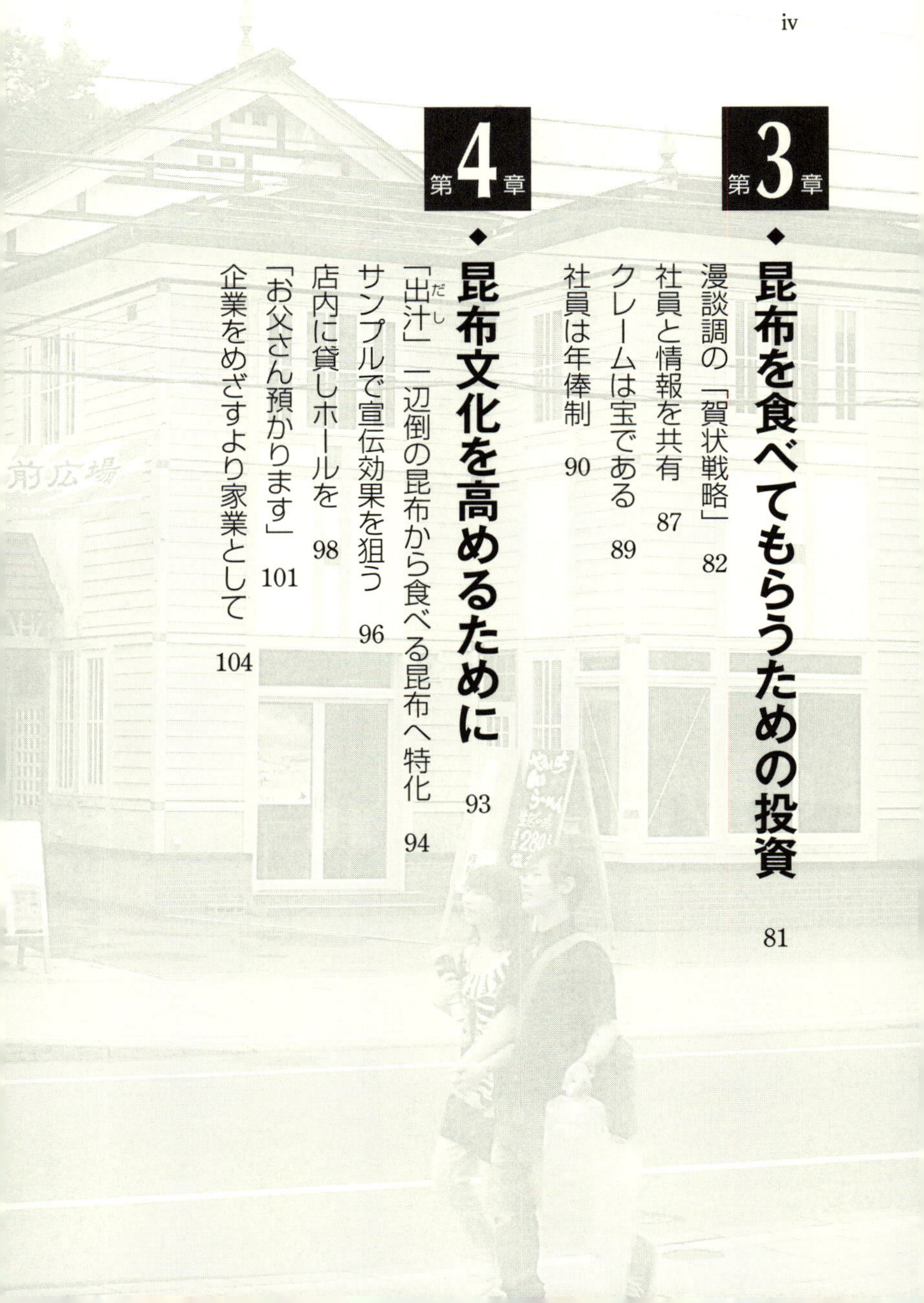

第3章 昆布を食べてもらうための投資

第4章 昆布文化を高めるために

第7章 ◆自前で仕掛けた街並み再生

七日食べたら鏡をごらん——ホラ吹き昆布屋の挑戦

プロローグ

「日本中の女性をもっときれいにしたい」これが、簑谷修と昆布との接点である。そして、それを実現するべく、五〇歳で脱サラして、昆布屋である「有限会社　利尻屋みのや」をオープンした。それから二二年、増収増益を繰り返し、五店舗となった小樽の街を今日も簑谷は走り回る。

　利尻昆布の一大産地である利尻島の生まれであるという「自負」だけを胸に抱いた簑谷は、ほぼ徒手空拳とも思える努力を経て昆布屋の矜持《きょうじ》を見つけた。そして、「簑谷流」とも言える経営手法を見事に完成させた。

　なんと言っても、簑谷がとった顧客に対する「接客戦略」が面白い。店で配布している商品カタログの裏ページには次のような挨拶文が書かれている。

昆布で会社をやめた男の話

利尻島で生まれ本ばかり読んで育った／　秀吉・家康・猿飛佐助／　夢でアトムになり空を飛んだ／　夢を追って小樽に飛び出した／
将来社長になりたいと思った／　四十代で社長になれないことを悟った／　人生がつまらなくなった。

故郷に錦を飾りたい…と思った／　なぜか昆布のことを思った／　昆布でメシは食えない…と笑われた／　なぜ食えないかを考えた／　夢のように美味しい昆布を姉から頂いた／　時は健康食ブーム／　やれる…と思った／　名文句が必要…と考えた／　「七日食べたら鏡をごらん」が浮かんだ／　恥ずかしいからやめて…と妻に反対された。

五十才で会社を辞めた／　息子二人が認めてくれた／　十五坪の店を借りた／　どうせ恥ずかしいならと大看板を出した／　七日食べたらどうなるの…と笑いながら客が来た／　昆布に含まれるヨードがお肌を美しく／　もう遅いっしょ／　遅くはございません／　ハゲは直るかな？／　直りません／　こんなみったくない昆布がございます／　だまされよう…と客が買った／　電話が来た…騙した昆布を送れ。

今、漫談家綾小路きみまろの漫談口上が年配の女性に大受けとなって笑いを取っているが、実は、彼がヒットする以前から簔谷はこのような「漫談調」のフレーズを披露していたのである。自虐的な短文で出自を披瀝し、テンポのいい言葉とさらけ出す「本音」が軽妙洒脱《けいみょうしゃだつ》なものになっている。

実際に声を出して読み上げたら、綾小路きみまろの漫談といい勝負になるのではないだろうか。社会風刺と自虐的なネタが笑いを誘う「簔谷ワールド」はこうして開店した。

カタログの挨拶文にあるとおり、簔谷は一九四〇（昭和一五）年に、北海道の最北端、稚内の西に浮かぶ利尻島（面積約一八二平方キロメートル、人口約五四〇〇人）で生まれている。およそ、文明という言葉とは縁遠い所である。内田康夫の小説『氷雪の殺人』（文藝春秋）の舞台でもあるので、行ったことはなくとも、どんな所かはご存じの方も多いだろう。

「末は博士か大臣か」を真に受け、棟方志功風に言えば「我《わ》だば　ゴッホになる」とばかりに一六歳のときにこの島を出た簔谷は、あこがれの地「小樽」にやって来た。

「利尻の実家の店に船でやって来る米や酒などの卸売業者の社員は小樽の会社の人ばかりで、小樽の賑やかな街の話ばかりを聞かされておりましたから、私もいつか小樽で社長になりたいという夢を抱いていました」と言う簔谷は、千秋高校（現・小樽工業高校）に進んだ。

小林多喜二の小説『蟹工船』（一九二九年）の舞台となった小樽で、卒業後は同じく多喜二の

「工場細胞」のモデルとなった北海製缶の子会社に就職し、コンビーフや飲料缶などの製缶部門を長きにわたって担当して猛烈に働いた。サラリーマン簑谷が三〇年近く上司として仕え、人生の師と仰いでいる山吹和康は、「簑谷君は、次々と新しいアイデアを発想して会社に大きく貢献していた」と評価する。

しかし、四〇代で転機が訪れた。のちに詳述するが、半導体製造部門への異動となり、専門知識のない簑谷の仕事はそれまでと一変し、「半導体にはついていけない」と悟ったという。前述したとおり社長になる夢がついえた簑谷は、自ら起業することで社長の夢を実現することになる。つまり、五〇歳で会社を辞めて昆布屋を開店したのである。

後年、「脱サラのススメ」と題された冊子をつくっているが、そのなかで簑谷は次のように書いている。もちろん、先の挨拶状と同じく軽妙洒脱《けいみょうしゃだつ》なものである。

48歳、退職を決意の頃の簑谷（左から2人目）

五十路の男は曲り角／　ホラと小指で首になり／　始めた昆布屋少し売れ／　その気になった田舎者／　ホラが現実《うつつ》か現実《うつつ》がホラか／　大正ロマンにこり出して／　分を忘れた建物狂い／　言わずと知れたその先は／　日銀地下の金塊《インゴット》
ツルハシ・モッコで眼がさめた／　俺の将来どうなるの。

「七日食べたら鏡をごらん」

見出しは、店の看板にもなっているキャチコピーである。実に思わせたっぷりな言葉運びに思えるが、目にしたその瞬間から心の壁に取りついてしまう韻律があり、足が止まってしまう。気が付けば、多くの人が店の入り口をまたいでいるのである。

いささか眉唾めくが、二〇〇〇年のその昔、秦の始皇帝が不老不死の仙薬を東海に求めた。簔谷が中国風に書いたのは「在東海仙薬不老不死告夢也」。この仙薬が「昆布」であり、東海は「日本」のことであった。

「医食同源」という言葉にあるとおり、古代中国では食べ物による健康管理を追求しており、美食で聞こえた国民である。中国女性の足の美しさは世界一とも言われている。昆布は美肌をつくり、いくら食べても太らない。ガンや高血圧、潰瘍などに効果があるほか、牛乳の二万一〇〇〇倍も含まれているヨードが、小児の骨の発育や知能の向上に大きな影響を与えている。……となれば、日本における現在の昆布ブームにも納得がいく。二〇〇〇年前にすでに気付いていた中国、これには頭が上がらない。

簑谷修の「昆布史観」は、まさに「楊貴妃」にその美の源を説いている。キャッチコピーの「七日食べたら鏡をごらん」は、その昆布食効果を暗示して「医食同源」を説いているわけだが、自ら「女好き」と憚らない簑谷の口上には、やはり楊貴妃にあやかって日本中の女性が美肌を保ち、もっときれいになっていただきたいというメッセージが込められているのだ。

美肌、抗ガン、高血圧、貧血、肥満予防に加えて、便通を促す効果もともなって、「昆布健食の伝道師」たらんと説く。涙ぐましくも懸命な簑谷流の昆布商いで、美人を増やすアイデアが実に愉快である。

「日本中の女性をきれいにしたいのです。実に気持ちのいいホラでしょう」と自ら吹き出すが、昆布商人として「医食同源」を説く本音でもあった。

商売は「口説《くぜつ》」

「昆布屋」を自認し、創業以来増収・増益街道を驀進する簑谷修だが、当初は試行錯誤の連続だった。しかし、手応えはあった。理想は高いものの、商いの志向性はまちがっていなかった。「商いは口説である」と断言し、成功する商いのノウハウを隠すために自ら「ホラ吹き」と吹聴している。もちろん、「ホラ」と思える大仰な理想主義はもっとも身近な妻から失笑を買ったが、そんなことにめげる簑谷ではなかった。信念にいささかの揺るぎもなく、常に前向きに簑谷は闘ってきた。

これまで料理の「出汁《だし》」としてしか捉えられてこなかった地味な存在を、大変な栄養素をもった健康食品であると「ウリ」にした。人間の身体に欠かすことのできない栄養素を多量にもつ昆布を、食べる戦略で特化させ、売りの「口説」に諧謔《かいぎゃく》を交えただけでなく、客との会話遊びの足がかりにして強固なものにしたのである。

簑谷にとっての諧謔とは、客を相手にするときの枕詞からはじまる。簑谷は売れるための条件として次の四点を挙げている。

❶小樽の歴史を感じさせる建物とファザード（表面飾り）――入ってみたい雰囲気の外装であること。

❷期待を裏切らない内装と物語の展開――大正時代の台所や居間の再現。美人と昆布のホラ話を絵巻物語で。

❸明るく親切な店員との会話。知ったかぶりの

大正クーブ館のファザード

ない商品説明――笑いうずまく店内の会話。
❹商品の品質管理――海産物でも、できるだけ当たり外れのないこと。

さらに、市内にある四店舗をすべて売り場面積一五坪に抑え、三〇人ほどの客が入って休める場所を設けたり、物語やパネル、そして骨董品などを飾って店内の演出を図った。その結果、客が客を連れてくるという現象を生んだ。

簑谷はこの商い形態を「街角の小さな博物館方式」と呼んでいる。つまり、「文化のない所に経済の継続的な発展はありえない」ということを学んだのである。以後これは、営業方針の柱として据えられている。

北海道の観光土産品の定番と言われるカニ・メロン・チョコレートなどとは比べものにならない地味な商品である昆布だが、創業一七年で年商三億八〇〇〇万円まで売り上げを伸ばし、営業利益もそれに比例して伸びている。傍目でも危ぶむような奇想天外、荒唐無稽なパッケージやキャッチコピーを駆使し、売れ筋商品にしてしまった。余人も論を挟めない、奇天烈な、天才的とも言える商い戦略を見事に開花させ、地味な昆布商品を小樽の土産品として定着させることに成功したのである。

怪しいコピー

自らを「昆布屋」とへりくだる簑谷だが、客に媚びる商いはしていない。先にも述べたように、店の看板に「七日食べたら鏡をごらん」という何となく怪しいコピーを掲げているのだが、実はこのコピーの行間にこそ簑谷の戦略が潜んでいる。

「利尻屋みのや」――小樽市堺町。小樽運河通りから一本山の手に入った一方通行の通り、観光土産店が連なる堺町通りで四店舗が営業を行っている。各店内とも、客の笑い声が絶えない。耳を傾けてみると、店員と客との会話が実に軽妙で、漫才のようなやり取りが聞こえてくる。その愉快な雰囲気に、新しく入ってきた客もつい飲み込まれてしまう。

これも仕掛けである。しかし、売りつけることを前提にした会話は組まれていない。それが理由で、客も冷やかし気分でつい長居をしてしまう。興に乗り店員の会話にのめり込んでいくと、今度は逆に客のほうにプレッシャーがかかってくる。そして、気を許してしまい、買い物をしなければという責め苦にあうことになる。

客の心理経過を分析した会話のマニュアルがある。だからといって、怪しいものを売りつけようとする作為的なものはいっさいない。実に丁重で、誠実に応対するマニュアルとなっている。たとえば、店内では次のようなやり取りが展開されている。

看板を見て、笑いながら店内をのぞき込む年配の女性客。大方が冷やかし半分で入ってくるが、これも看板効果である。とにかく、往来の客の足を止めさせ、店内をのぞかせる効果を狙っている。

お客　七日食べたらどうなるの？

冗談半分に問いかける客に、笑顔で応える店員。

店員　昆布に含まれるヨードがお肌を……。

お客　もう遅いっしょ。

客は悟りきって、諦め気分で問いかけてくる。半ば冗談で言っているのだが、すでに言葉の仕掛けに心が動いている。

店員　まだ間に合いますよ。

と、笑顔で畳みかける店員の言葉に、やはり美しくなれるという一縷《いちる》の望みがあるのかと心が動く。客は、満更《まんざら》でもない、といった表情を見せる。

といって、歯の浮くような言葉は投げかけない。年齢的に見て「まだ間に合いますよ」と一応現実を認めたうえで、優しく応援するという意味合いが込められている。これだけで効果は十分、客の女性は「まだ間に合うのだ、美しく慣れるかもしれない」と密かに心をときめかせてしまう。

お客　俺のはげは治るかな？
傍らでまぜっかえす連れ合い。
店員　治りません！
当然なのだが、真顔で答える店員の言葉に周囲がどっと沸いてしまう。店員の正直な答えが、女性客を本気にさせてしまう。周りから揶揄され、笑いをとる客はいつまでもその場にいるわけではない。

衝動買いのススメ

一方、昆布を試食した客は、店員のマニュアルによる第二段階へと誘われる。店の中に設けてあるサロンに案内し、テーブル席をすすめる。

「お茶をお持ちしますから、どうぞお休みください」

年配客に喜ばれるお茶をすすめるのだが、この間も商品の説明などはいっさいしない。とにかく、お茶を飲んでひと休みしてもらうだけの会話に徹する。お客も、お茶程度ならご馳走になっても買わなくてもいいだろう、義理は生じないだろうと計算するのか、気軽に応じて椅子に腰を下ろしてしまう。

堺町通りの店舗で、一服させてくれるような店はほとんどない。そう言えば歩きっ放しだったから、このあたりで椅子にでも腰を下ろして、ひと休みしたいなあとの思いとも一致してしまう。これは、若い女性客の場合も同じである。

まずは煎茶と昆布茶が人数分運ばれてくるのだが、この昆布茶は商売柄当たり前という環境づくりである。お茶をすすめながら、店員は厨房に向かって注文を叫ぶ。

「アラジンの秘密をお願いします」

大き目に声を出す。当然、客の耳にも届いている。お茶を飲みながらくつろぐ客の心は無防備なため、突然「アラジンの秘密」という言葉を耳にして、遊び心たっぷりの店員の冗談かと吹き出してしまう。童話の世界だと「アラジンのランプ」であったはずが、この店では「アラジンの秘密」になっている。つい、興味をそそられてしまう。

厨房から出てきた店員が手にしているのは、盆に乗せた椀入りの味噌汁である。そして、この椀をすすめる。

本店の休憩処。
この陰にも休憩所が２か所ある

「これがアラジンの秘密です。どうぞ、箸でかきまぜながらお召し上がりください」

アラジンの秘密という妙な名前に含み笑いを浮かべながらも、お椀の中身に興味を抱いて味噌汁をすする。とろりとしたガゴメコンブの粉末が味噌汁の中に溶け、舌に絡みつくような旨みを放ってくる。このとろみが昆布であるということを客は知らない。味付けといい、とろみ具合といい、「ご飯の友」とも言うべき味噌汁を味わい、食欲もそそられてしまう。

「へえー、これがアラジンの秘密なの」

客が商品名を口にした。客の一人が口にした言葉の響きが面白いといって、今度は客同士で笑いの輪が広がる。まるで口にしてはいけない秘密を喋ってしまったような、魔境に足を踏み入れたような怪しさに、誰もが恥じらいを覚えてしまう。

真顔では口をはばかるようなネーミングに、笑いながらも商品名を口にしてしまう。恥ずかしい笑いが自然とこみ上げてくるのだが、商品名がしっかりと客の脳裏に吸い込まれていく。ここが昆布屋の店内であるという警戒心さえも解いてしまうのだ。

頃合いを見計らって、店員が口をはさむ。

「納豆、長芋、オクラなどネバネバしたものに混ぜたり、おひたし、冷奴、蕎麦たれやインスタントラーメンに振りかけますと、なんとフカヒレラーメンに。このネバネバに含まれるアルギン酸が美肌に効果的」

その面白い商品名とは別に、肝心の商品は正真正銘の昆布であり、これが実に旨い。普段口にする機会の少ない商品だけに、もしかしたら「美人」になれるかもしれないという心理も重なり、今度は客のほうがこの商品に興味をそそられて注文してしまう。一個のはずが二個三個となる、つまり衝動買いが完結するのである。

地味な商品を観光土産に特化

元来、観光客の買い物は衝動買いがほとんどである。最初から欲しいものがあって買うのは稀で、見た目と思いつきで買ってしまう購買心理を、簑谷は「衝動買い」と分析している。

言うまでもなく、観光土産としては地味で華もなく、話題性の薄い昆布商品を衝動買いさせるのは至難の技である。北海道産ではあるが、料理の主役の座を担う食材ではなく、出汁《だし》という料理の下支えでしかなかった昆布を転化させなければならなかった。地味な存在というハンディキャップを逆手にとって、観光土産で売り出す。苦戦は覚悟のうえ、仕掛けるだけに戦略も緻密なものであった。

簑谷修は仕掛けの入り口で「七日食べたら鏡をごらん」のコピーを示し、客の「怖いもの見たさ」の心理を最大限活用した。客への対応も、意表を突く、口にするのを憚るような商品名を用意し、さらに驚かせた。投げかける言葉の順序や客の心の動きにあわせた試食品を用意し、昆布を食べると「美人」なるとは言わず、健康食品であることの「効用」を示して女性客の「美人」願望を刺激したのだ。

そして第二幕は、くつろぎの場を用意しての展開となる。女性に「美人」になれる秘訣を説くのだが、食べて口当たりがよく、常食することでフコイダンやヨードやアルギン酸の効果により、宿便や黒便を解消、肌を若々しく保ち、高血圧の抑制にもなるという健康効果で女性心理を衝いた。ここは正攻法で責め、商品の健康度の高さを訴えたのだ。

「財布を握る女性に強く訴える戦略です」

昆布という地味な商品を扱うだけに、まずはホラとも思えるネーミングを打ち出して、常識を覆すような手法で好奇心を刺激する。何よりも、昆布の旨みに接する場を設定し、舌で確認してもらうことに徹底した。

発端は衝動買いであっても、結果として継続して食べてもらえる上質な食材だという自負があるからだろうか、電話やファクスによるリピーターの注文が二〇〇五年には一万件を超え、売り上げの四分の一に当たる一億円を占め、二〇〇七年には三分の一を占めるまでに増えていった。

要するに、料理の旨みを引き出す出汁《だし》と豊富な栄養素が健康食品としての認識を高めさせ、消費者の裾野を広げる結果となったのである。

常識に尻を向けろ

簑谷は名刺を交換するとき、「人定め」的な簑谷流の三つの質問を用意している。

- タバコを吸いますか。
- お酒を飲みますか。
- 女性を好きですか。

その結果、「三つともノーであれば帰っていただきます。人間的にまったく信用できない」と簑谷は言う。実際に帰ってもらうかどうかは疑問だが、簑谷が初対面の相手の度量を判断する物差しであることに変わりはない。これも、簑谷流の諧謔《かいぎゃく》手法の一つである。

「客に楽しんでもらい、健康で長生きしていただく。ホラが文化になることを私の店で試せたらうれしいですね」

つまり、「常識」を捨てることから「商い」ははじまるという簑谷流の論法である。自ら「ホラ」という前提をつくり、笑いを誘う諧謔性と計算された会話の投げかけ方、ひょうきんで奇抜な着想、まさに簑谷マジックにかかった昆布として玉手箱のような魅力をはらむ戦略となっている。

といって「ホラ」で人を欺いているのではなく、正真正銘、昆布と健康との因果関係をきっちりと説いている。思いつきで話しかけているわけではなく、マニュアル化された言葉の投げかけを用意しているのだ。その当意即妙なやり取りが客の心に火をつけてしまうのだ。その投げかけ方の妙技にこそ、簑谷のへりくだり戦略が見てとれる。

客とのコミュニケーションのとり方、間合いのとり方に卓越した簑谷は、決して「昆布を売っているのではない」と言う。客の衝動買いに訴えかける戦法を編み出すことによって、昆布商品の小売りを鮮やかに特化させたのである。

「ホラ吹きでやっているだけです」といつも笑顔で話す簑谷だが、客を明るく楽しませる手法に込められた思いがあるからこそ、自信ものぞく。

小樽の「大正の街並み」を自前で造る

一九九一年（平成三年）、簑谷は五〇歳でサラリーマン人生に見切りをつけた。退職金を元手にわずか四五平方メートルあまりの店を出した。

「何よりもまず、店に人が入ってもらうために仕掛けました」と笑いながら話す簑谷だが、先にも述べたように、妻の茂子からは「恥ずかしいからやめて」と大反対があったが、「七日食べたら鏡をごらん」というコピーが書かれた大きな看板を掲げた。また、本店内には「ホラ吹き昆布館」を設置して、昆布の歴史を面白く解説している（第2章で詳述）。

そして、一九九九年、築港地に大型複合施設であるマイカル小樽（現・ウィングベイ）が華々しくオープンした際、「利尻屋みのや」も請われて二号店を出店した。その翌年の二〇〇〇年には、三号店として明治・大正期の骨董品を集めたレトロ調の「大正クーブ館」を開店している。さらに、四号店として「不老館」を立ち上げ、レトロ調の展示物のほかに無料の貸しホールを設けた。面白いのは、妻の買い物に飽きてしまうお父さんのために、息抜きの休憩施設「お父さん預かります」を設けたことである。

「売ることよりも、まずはお客を集めることが先。そのためにも、客層にあった施設を造る必要があります」

まさに、簑谷の着眼点が慧眼《けいがん》である。

レトロ路線は飽くことなく展開され続けると考えた簑谷は、家具や調度品といったレベルにとどまることなく、二〇〇七年には商店街に「出世前広場」を造ってしまった。そこには、プチ旅館、カフェ、ラーメン、すし、寄木細工販売の四店舗が入っている。簑谷自らが経営しているプチ旅館「御宿　櫻井」は、明治の間、大正の間、昭和の間、不老長寿の間の四部屋のみだが、レトロ調の家具をあつらえた間取りが楽しい。自ら廃材や廃品集め、そしてデザインに至るまで一人で手がけたため、完成までに二年の歳月を要したという。

「街並みは文化です。日本人の心と技に触れられる場所にしようと思っています。莫大な借金をして、家族にはかなり怒られましたが、若者に足がかりを与えるのは大人の務めですから、ボラ

不老館

出世前広場

ンティアのつもりでやっています」

道楽を大義に転化してしまう鷹揚さが簑谷流で、痛快である。

「出世前広場」の背後に迫る段丘の高台には、小樽の海運豪商の旧板谷宮吉邸がある。その高台へ上る坂が「出世坂」と呼ばれている。この坂の下に、「豪商」をめざして「出世する前」の若者たちを集わせる。その足がかりを簑谷が用意し、商都の栄華を再現したのである。文字どおり、簑谷の思いは「出世前広場」という「町名」に具現化された。

癒しを誘う「簑谷流テーマパーク」

商品のパッケージには、簑谷の初恋の女性をモデルにしたという古代史の謎の人物「卑弥呼」の美人画や、簑谷好みの女性をモデルにして描いた「楊貴妃」が使われている。いずれも昆布を絡ませた「絶世の美女」たちを、大胆にも私物化したものである。

これらのパッケージに収められている商品アイテムは、看

現存する旧板谷宮吉邸

板商品となっている「湯豆腐昆布」を軸に三〇〇点にも上っている。ガゴメコンブを粉にした「アラジンの秘密」、妻の若いころの写真をさりげなく使ったとろろ昆布である「となりのトロロ」、おつまみ昆布を「美人昆布」、読んで字のごとく「ホラ吹き昆布茶」など、いずれも吹き出しそうなコピーで簑谷流のオリジナル商品群を揃えた。しかも、健康食品として申し分のない昆布の栄養素をていねいに解説し、「出汁《だし》」の存在であった昆布を「健康食品」の主役に仕立て上げてしまっている。

開業間もないころから簑谷流の商いを眺め、孤軍奮闘ぶりを見てきた筆者であるが、「出世前広場」の完成ゆえか、最近の簑谷にはそろそろ第一線から退き、後進に譲ろうとしているのではないかと思える節も感じられるようになった。しかし、どうやらそれは筆者の観察不足であった。「七日食べたら鏡をごらん」でスタートした昆布屋が一七年かけて辿り着いた先、それは観光都市にありがちな待ちの姿勢を正し、小樽がもつ歴史的な街並みを復古させて観光都市の個性を打ち出すことであった。常にその先頭に立ち、ラッパを吹き、言い出しっぺの宿命で「出世前広場」を造り上げてしまった簑谷の目指すところは、単に店の繁栄・継続ではなく、小樽という街の復古であった。

「使い捨てという言葉がなかった時代をテーマに、レトロ街を造ってしまいました」

と簔谷は笑うが、壮大な「簔谷ワールド」を目の前にしたとき、単にホラや諧謔《かいぎゃく》だけのレトリックではすまされない簔谷の人生をかけた舞台づくりの手法が垣間見えてくる。

二・五キロあまりの色内大通から堺町通りを、レトロな街並みに変えてテーマパーク化しようという信念と行動力――「簔谷ワールド」の破天荒な面白さは、人と人の触れ合いを基本テーマに据えているだけにどこまでも優しい。

以下では、このような「簔谷ワールド」について詳しく述べていきたい。これまでダイジェスト版として述べてきた面白さの数々、存分に楽しんでいただきたい。

第1章

「昆布屋と屛風は広げると倒れる」と言われて

「昆布屋と屛風は広げれば倒れる」と言われたが……。
「たちかま料理 惣吉」の店内にある「夷酋列像」模写屛風

「父よあなたは偉かった」――利尻島から小樽へ

「親父は、まず金儲けが下手でしたねえ。雑貨店や水産加工、漁業と幅広く手を出しましたが、商売は赤字でした。でも、親父は立派でした。母も立派でしたが、五〇代で逝ってしまいました。儲からなかったけれど、寺の寄付などには一番最初に金額を書き込んでしまうという親父でした。多彩な趣味は私も受け継いでいるのですが、この歳になってどんなに頑張っても親父にはなれませんね。今でも親父を尊敬してます」

両親を語るときの簑谷の口調には、いつもの諧謔《かいぎゃく》調の余裕が消えていた。素直な「簑谷少年」の時代を思い出しているのかもしれない。

少々軍国調の見出しであるが、簑谷は昭和一五年生まれであり、幼少期はその軍国主義的な教育や社会風潮をまともに浴びせられて育ったため、今はそれを諧謔として、揶揄する意味で言葉にすることが少なくない。あえて「反面教師」としての効果を狙うという意図もあるようだが、こと父親に対しては「父よあなたは偉かった」と尊敬の念を公言して憚らない。それほど「偉い」存在であった。

簑谷の愛郷心は、実に素直に映る。北海道の最北の島「利尻島」に生まれた簑谷にとって、日

小学生の簑谷。長女夫婦、次女、妹とともに

高校で１年先輩の星野恒隆氏が描いた利尻島での昆布採取風景

本海は親父のような懐の広い存在である。夏の漁では昆布やウニなどの海藻類、浅海の幸は豊かな潮流と秀峰利尻富士の湧水や植物プランクトンに育まれる。また、豊富な魚類といった海の幸に事欠かないこの島は、孤立するような冬期の厳寒期を除けば離島のオアシスといった趣も深い所である。

明治、大正、昭和の時代までニシンの一大漁場として繁栄を誇ったこの島で、簑谷の生家は水産物加工と一般雑貨を販売していた。読書好きで発想力の豊かな簑谷少年は、昭和三一年、一六歳の春に小樽の高校に進学した。店で販売する商品を船で運んでくる小樽の業者から街の様子を聞かされていたこともあって、幼いころから簑谷の目は小樽に向けられていた。島という閉鎖社会で育った少年は、

ニューギンザ前より花園商店街を望む（昭和30年代）

漠然としながらも「小樽で社長になるんだ」の一念を抱いて憧れの小樽で生活をはじめることにした。

戦前、戦中と樺太経済を飲み込んできた樺太航路が、一九四五（昭和二〇）年八月、ソビエト軍の樺太侵攻によってなくなってしまった。それまで日本領土であった南樺太が失われ、樺太との物流が途絶えた小樽経済には大きな空白が生じてしまったが、一八八〇（明治一三）年に北海道で初めて鉄道が敷設されたり、空知《そらち》地方で採掘・集積される石炭の積み出し港としての地位は揺るぐものではなかった。また、沖合い漁業、底引き網、前浜漁業と豊かな水産資源にも恵まれており、製造業が集約されていたこともあって市街地の賑わいに急速な衰えは見られず、北海道経済の中心地小樽の座はしっかりと守られていた。

「脱サラのススメ」を五〇歳で実践

進学した高校の機械科で三年間学んだあと、簑谷は「社長」になる夢を抱きつつ、大手製缶会社の子会社に就職した。先にも述べたように、製缶部門で将来像を描きながら懸命に働いたが、課長職まで上り詰めた際、半導体製造部門への異動を命じられた。

「まったくの畑違いでしたし、半導体などの先端技術の知識もなかったですから、優秀な若手の技術者がいる職場では、正直なところ自分の勉強不足と頭の悪さを痛感しました」

五〇歳の転機であった。同僚たちは先に出世していく、疎外感さえ抱きはじめた簑谷は、「この会社で社長は望めない」と悟った。島の少年が夢を見て都会で学んだものは、自分の不甲斐なさと頭の悪さであった。

「五〇歳で辞め、自分で商売をして社長になるしかない」と、密かに決意した。といっても、製缶業一筋のこれまでの人生では、これといった起業アイデアがあるわけではなかった。

「小樽で、ふるさと利尻の昆布を売るしかないか……」

故郷帰りがきっかけをつくった。しかし、昆布屋といっても漠然としたものでしかなく、海産物を取り扱う卸店に相談したところ、「昆布ではメシは食えない、絶対に手を出すな。昆布屋と屏風は広げると倒れる、のたとえがあるぞ」と即座に否定された。昆布の小売屋がいないのはその証拠だ、と言

製缶会社での職工時代（昭和38年・20代）前列右側が簑谷

うのだ。

「だめ」、「やるな」と言われると、カッと燃えるのがチャレンジャーのアイロニーでもある。誰もやらないということは競争相手がいないということではないか――簑谷の闘争心に火が付いた。とはいっても、まだ漠然とした計画でしかなかった。

一念発起するとチャンスが芽生えた。姉の嫁ぎ先から送られてきた「やわらか昆布」を手にしたとき、「この昆布なら商品として勝負できる。この昆布を売ろう」と決意したのである。

「やわから昆布」とは、函館市の小安海岸で養殖されているマコンブのことである。一年生のマコンブを、芽が出て三か月ほどで間引きしたものを早春の寒風にさらして干しあげてつくっている。これまで一般の食卓には上がらなかったが、柔らかく旨味があるところから漁師が好んで食べていたという。

簑谷は、この昆布を口にして感動した。これまで簑谷自身がイメージしてきたマコンブは、身が厚くて固く、出汁がよく出る高級昆布であった。

「完全に、マコンブに対するイメージが覆されました」と、簑谷は語っている。そして続けて、「小安の昆布に惚れて、人生を賭けましたね」と言う簑谷は、小安の「春一番のやわらか昆布」を店の看板に据え、商品名を「湯どうふ昆布」として売ることにしたのである。一口サイズに切り、湯どうふに入れてもよし、煮込み料理や野菜炒めにも合い、昆布ソーメンとしても食べられる。まさに、食べる昆布のスター誕生であった。

一九九〇（平成二）年、退職金から五〇〇万円を元手に四五平方メートルの店を立ち上げた。店の看板は、当初「小樽館406・利尻屋みのや」と付していた。つまり、「堺町4番6号」の住所をそのまま使ったのだが、これではあまりにも地味すぎる。当然、簑谷自身も地味で客映えがしないことは分かっていた。そこで、夏場に「七日食べたら鏡をごらん」の看板も掲げたのである。当時の簑谷の心境をのぞく次のようなコメントがある。

「五〇歳で失業・退職金でできること・仕入れでだまされないこと・故郷のためになること・**昆布はネズミを食べないこと？……**」

そして、「昆布屋になりました」と言う。どこまでも面白く、ただでは起きない簑谷の執念もまた絵になる。

通行量調査を自前で

「利尻屋みのや」の創業店は堺町通りに面している。海岸段丘を背に埋め立てられた地域である。運河と併行して走る臨港線から道路一本内側の堺町通り、道路の両側には観光土産店や飲食店が軒を連ねている。運河を散策したあとは、この堺町通りを散策するという観光コースが用意されている。たしかに、観光客は通っているのだが、実際の通行量はどれほどあるのだろうか。

簔谷は、単なる憶測や推測を頼りにはしない。実証的な数字を根拠として営業戦略を打ち出すために、自前で通行量の調査を行った。一九九〇（平成二）年七月一日、観光シーズンの真っただなか、妻の茂子とともに「堺町四番六号」の地点に簔谷は立った。創業店舗である「利尻屋みのや」の現在地である。快晴の、真夏日であったという。

通行量調査は、時間ごとに、男女別に、あるいは年代別にどれほどの人が通るのかを調べることにした。その結果、午前九時から午後六時までの通行客は二五五二人であった。男女比では、女性が圧倒的に多く六割を占めた。年代別では、一〇～二〇代が六割を占め、三〇代～四〇代が二割、五〇～六〇代が二割弱と、やはり一〇、二〇代の女性が圧倒的に多いという傾向を示していた。

時間帯のピークは午後一時から二時台で、ほぼ昼食時間帯に集中しており、女性が五六一人と男性の二倍を超えた。つまり、小樽名物の寿司などをターゲットにした大型観光バスが昼食時に堺町通りに来ているということである。

女性客が男性客の二倍強という状況は午後も同じであった。午後二時から六時まで、常に三〇〇人台で推移していた。具体的な数字をつかんだ簔谷は、観光客の中心が女性であると確信した。

簑谷が行った通行量調査の現物

堺町四番六号に於ける観光客歩行者通行量調査と考察、1990.7.1.(日)快晴

年代・時間別	男性 10〜20代	男性 30〜40代	男性 50〜70代	男性 小計	女性 10〜20代	女性 30〜40代	女性 50〜70代	女性 小計	計
9時〜10時	10	19	10	39	15	39	5	60	99
10時〜11時	16	24	5	45	48	29	7	84	129
11時〜12時	26	52	18	96	61	49	12	122	218
12時〜13時	61	39	31	131	100	24	18	142	273
13時〜14時	167	42	30	229	238	64	30	332	561
14時〜15時	87	20	31	138	128	30	43	201	339
15時〜16時	69	19	25	113	157	47	26	230	343
16時〜17時	76	18	40	134	120	24	44	188	322
17時〜18時	56	22	21	99	94	39	36	169	268
小計	568	255	211	1,024	962	346	221	1,528	2,552
男女別計	1,024 (40^{1}%)				1,528 (59^{9}%)				
	2,552人								

1) 男女比率 N= 2552人(100%)

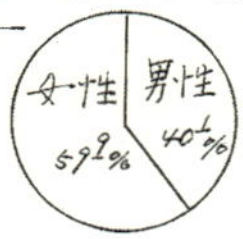

3) 年代別パレート図

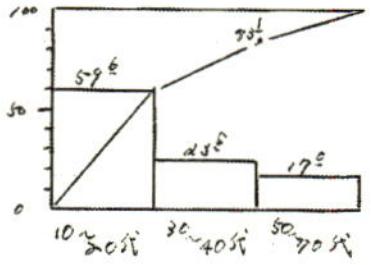

2) 時間帯と観光歩行客数の推移

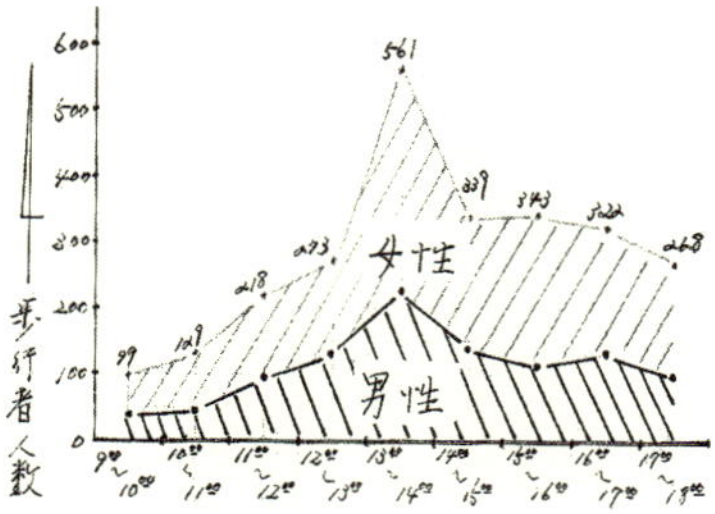

4) 男女別年代パレート図

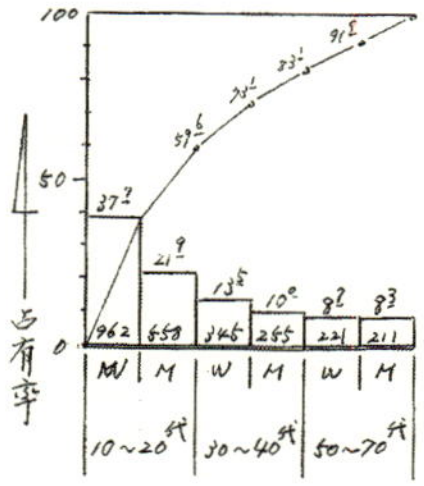

「小樽運河への観光客の主力は女性ですね。集客対象が女性であるなら十分狙える。いけると思いましたよ」

こうして簑谷は、女性をターゲットにした戦略を編み出していったのである。

「七日食べたら鏡をごらん」というキャッチコピーは、簑谷のオリジナルである。知恵を絞ったコピーの狙いは、大胆に意表をつき、結果がストレートな期待感のあぶり出しである。つまり、思わせぶりに七日待てとし、しかも答えがあるような余韻を投げかけているのだ。

もし、結果が出なかったらどうするのだという意地悪な発想が浮かばないほど、ストレートに心に響いてくる。客を乗せるコピーという印象もあることから、「怪しい」と受け止める人も多いだろうが、あえてその怪しさを印象づけて引き寄せるというのが簑谷の狙いであった。

運河を訪れる観光客は圧倒的に女性が多い

プロのコピーライターでも、こうたやすく消費者心理をくすぐる言葉は出てこないだろう。「七日食べた」結果が現れると思わせる一方で、その結果を期待させてしまう。仕掛けられている言葉と分かっていても、つい店をのぞきたくなる。

「商いは、客が入って初めて買ってもらえるチャンスが生まれる。だから、まずは客を呼び込むことが物売りの基本でしょう。ましてや昆布が商品ですから、昆布のよさを知ってもらわなければ売れません。そのための努力が客商売のイロハです」

店頭に商品を並べていれば売れる時代ではないことを十分承知したうえで、いかに客を呼び込むかと簑谷は考えた。今では廉価と良品、喜びを与えるものと高級感という対極的な商品が売れ筋と言われているが、そんななか、本物をいかにやさしく理解してもらうか、あるいは面白おかしく受け止めてもらうか、といった戦略が簑谷の狙ったポイントであった。

昆布を食べたら確実に「美人」になれる、とは言わない。暗に美人になれるという期待感を含ませながらも、断言はしない。思わせぶりなコピーで客を引き寄せる、実に恨めしくも可笑しい。しかし、昆布の食効果は一週間で現れることを示唆しているのだ。簑谷はこのコピーを、いの一番に妻に見せたという。「こんなインチキ臭いのは恥ずかしいからやめて」と、にべもなく反対されたらしい。しかし、ここで萎《な》えないのが簑谷の強さであり、むしろ燃えた。

「そうか、いきなりインチキ臭いと思われたか、それならいけるぞ」

人生の伴侶からあっさりと「インチキ臭い」と言われた。他人であれば、その印象はなおさらであろう。妻の反応に自信を深めたのである。

「このインチキ臭さが客の目に留まり、気になってしまうのだ」と。

しかも、昆布に含まれる健康増進の要素を前面に出して、商品の信頼度を印象づける。ヨードやフコイダンの効果は絶大である。「これは使えるぞ」と心を熱くした。

バブル景気崩壊後の平成時代、世の中は自然食ブームに湧き立った。簔谷が売る昆布商品も、もちろん追い風が吹いた。これまでは食品としての主役ではなく、出汁《だし》などの材料として脇役でしかなかった昆布だが、見過ごされてきた豊富な栄養素を楽しく食べて健康維持に役立てようと説いたのだ。

逆転の発想よろしく、簔谷は地味な昆布を「美人の素」と鼓舞し、顔のある商品として主役の座に押し上げた。そして、女性層に圧倒的な人気を誇る小樽運河に来た観光客に、「昆布を食べて肌美人になろう」と訴えた。言うまでもなく、店に掲げられた怪しい大きな看板が人目を引いた。

新婚当時の簔谷夫婦（昭和44年・東京にて）

必携は「美人」の二文字

簑谷は、「美人」の二文字で女性心理に仕掛けている。おやつ昆布に「美人こんぶ」と名付けて、科学的に〈昆布に含まれるヨードがお肌を美しく〉とその美人効果を書き連ねた。そして、「こんぶ物語」というしおりの中には棒グラフを取り入れて〈お肌の老化防止に役立つヨードの含有量〉を示し、畳み掛けるように仕掛けのコピーを次のように連ねている。

〈こんぶは肌を美しく〉
〈こんぶはダイエット食品〉
〈こんぶは肥満防止に役立つ〉

財布を握る女性層を狙った効能書きであるが、科学的に解明されている範囲内の成分の効果をうたっているため誇張やホラはいっさいない。地味な昆布に言葉の化粧を施して、人目を引く工夫をしているだけなのだ。

こんな発想をする簑谷の辞書には、「美養」という言葉がある。つまり、昆布は美を養うものであるという解釈をして、「美養」と「健康」をつなげて女性をきれいにするために昆布の効用を説き続けているのである。

消費者心理をつくパッケージで

冒頭でも紹介した、「アラジンの秘密」という商品がある。発想のヒントはもちろん「シンドバッドの冒険」なのだが、とても思いつかないネーミングを平気で使うところが簑谷らしい。絨緞に乗ったアラジンそのものをイラストで描き、「空想から商いへ」とリンクさせる着想が実に奇抜と言える。

パッケージに書かれている「口上」は、実に人を食ったようなネーミングが付されているが真面目に展開していく。「加護女昆布　魔法の粉」とあるが、この「加護女」の文字は「がごめ」と読ましている。それでは、いったいどこが「魔法の粉」なのか。

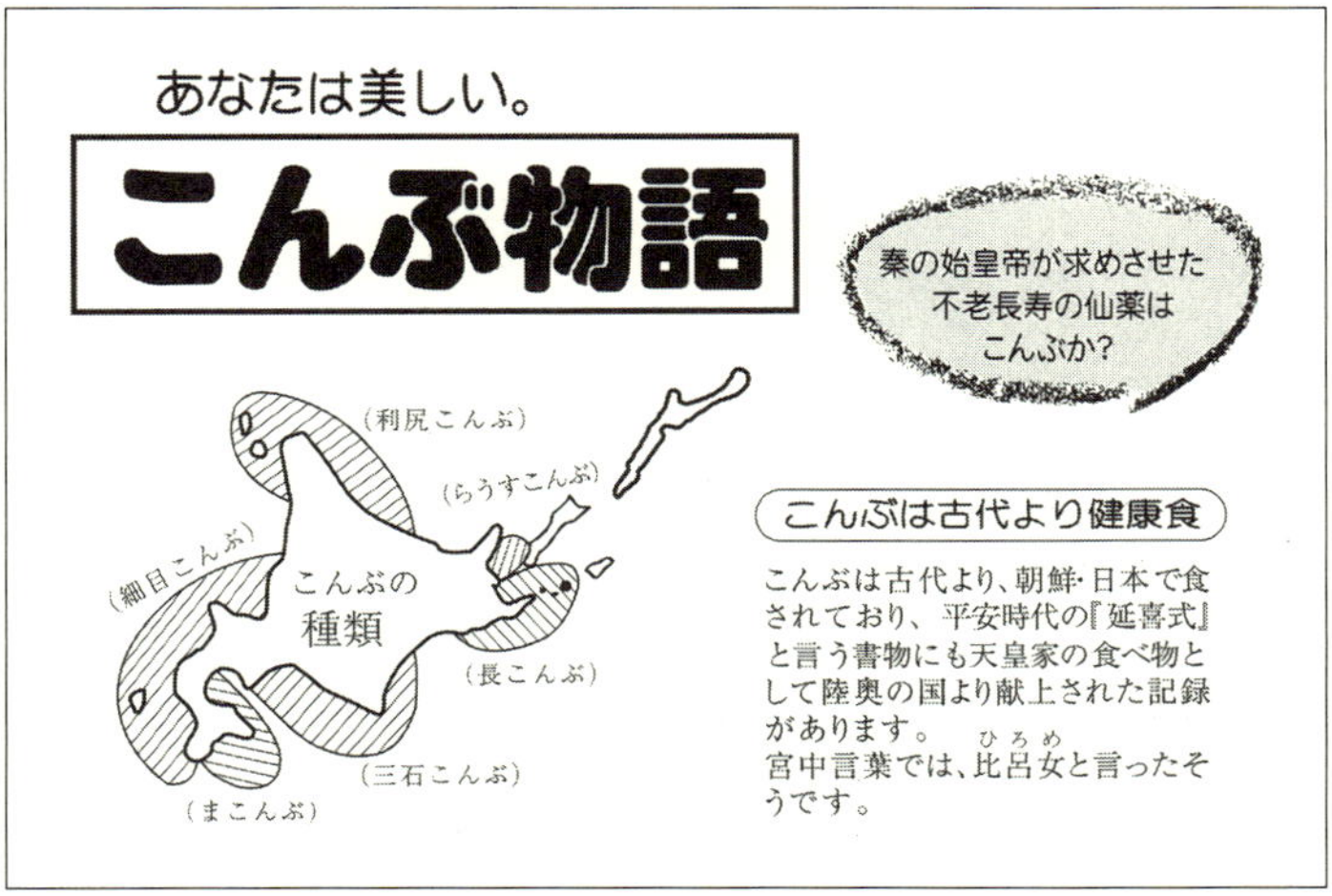

しおり「こんぶ物語」

★合格祈願・ねばりに粘って希望の星を！　含まれるヨードが頭脳向上に……

★健康祈願・ぬめりに含まれるアルギン酸が成人病に高血圧・ガン・コレステロール・胃潰瘍・十二指腸潰瘍

★美人祈願・排泄作用を高め、便通を良くし美肌の大敵宿便・黒便を清掃し、吹き出物を防ぎ素肌美人に

★恋人祈願・恋しい人のおわんにこっそり一振り
・恋しい人の名前をつぶやきながらそっと一振り

「アラジンの秘密」のパッケージ裏側

まるで、映画の「寅さん」が縁日の露店で口上しているような愉快さがある。面白いが決して「ホラ」ではない。笑えるだけの諧謔《かいぎゃく》であり、誇張した文章展開に思わず吹き出してしまう。「健康祈願」と「美人祈願」は、ずばり昆布に含まれる栄養素から導きだされる効用を説いている。「合格祈願」は、ガゴメコンブ特有の粘りに引っ掛けての効用を説き、「お金持ち祈願」とは自力本願を述べているのだ。つまり、身体が健康であればお金を稼ぐチャンスは十分にあるとほ

のめかすあたりが心憎い。

「恋人祈願」あたりが簑谷流の引っ掛け諧謔であり、「粘り」をもって頑張れという応援歌であろう。その使用例の戯れがこのうえなく面白い。

「美人こんぶ」という商品がある。〈昆布に含まれるヨードがお肌を美しく〉と、簑谷による「美人攻め」の商品名は多い。中身は、昆布を醤油と酢と糖で味付けしたおつまみ昆布である。栄養素の高い昆布を、ご飯の友から直接食べてもらうようにし、昆布に含まれるヨードを摂取してもらうというのが狙いである。手軽に食べられる健康食品の開発である。

そのほかにも「美」を多用するコピー戦略は続く。

〈昆布は天然の美養食　美容食ではなく　美を養う食物です〉

美容食ではなく「美養食」と言い切る。先述したように簑谷の造語であるが、文字を見て納得するだけの説得力がある。〈化粧や整髪によって顔かたちを美しくする〉美容ではなく、内臓を整えることによって肌を美しくする養生食と捉えれば腑に落ちてしまう。

もう一つ、「ホラ吹き昆布茶」という商品は次のような口上ではじまっている。

〈こんぶ茶の革命児／　昆布で帯びした神童が／　潮の間にまにあらわれて／　日の本出ずる東海に／　海帯《ハイタイ》・ひろめ　あるという〉

大袈裟なパッケージデザインだが、どこか可笑しい。昆布茶といえば粉末のイメージが強いのだが、籔谷が開発した商品は肉厚の昆布を四角く切り込んであり、昆布そのものに熱湯を注ぐというものとなっている。

〈おいしい召し上がり方〉
- こんぶ茶に　一枚熱湯を注ぎ、かき混ぜて昆布もお召し上がりください。
- お茶漬けに　ご飯に四〜五枚載せて熱湯を注ぎ、サラサラ……と。
- おにぎりに　適当に刻み、ごはんにまぶしておにぎりを。
- お弁当に　ごはんとごはんの間に此の昆布をはさんで。

……お吸いもの・茶碗むし・ドビンむし・お雑煮……

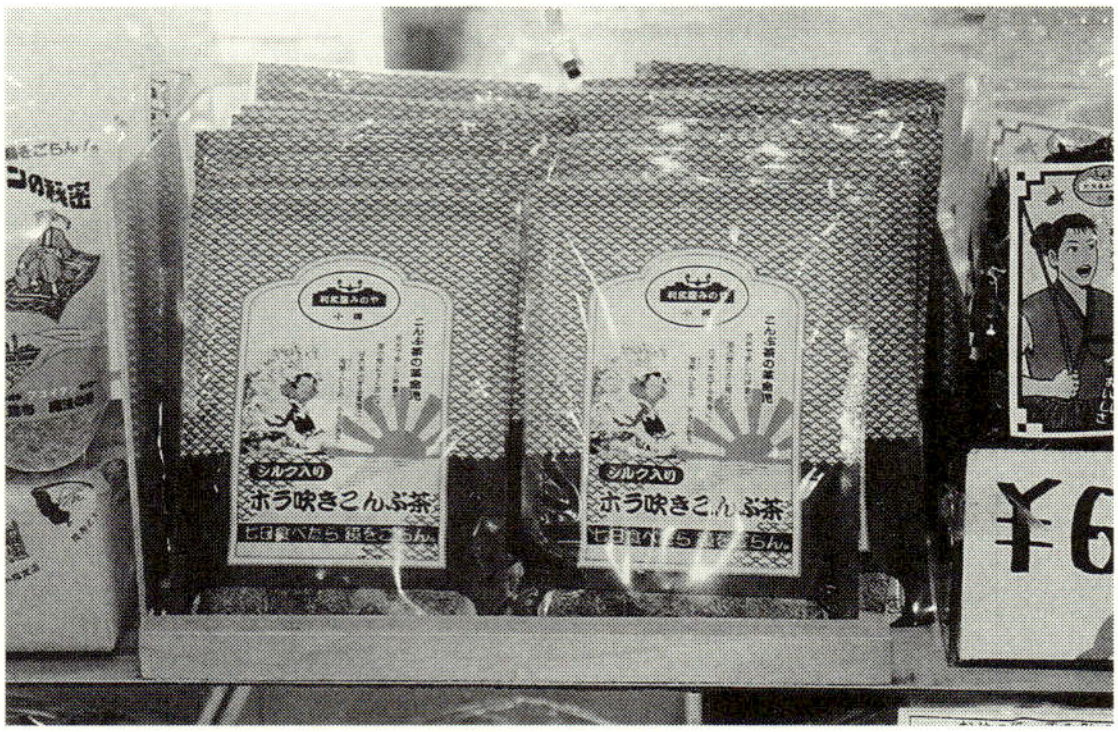

「ホラ吹き昆布茶」の販売棚

ご飯にあう食べ方まで展開している。昆布一枚を茶碗に入れて熱湯を注ぐ。やがてじわりと昆布の味と香、色合いが滲み出てくる。実にシンプルな、しかも手軽に昆布の味を楽しめる一品である。飲み終わったら、爪楊枝で柔らかくなった昆布を口に含む。和菓子を噛む雰囲気にも似て、柔らかな舌触りと味わいに思わず納得してしまう。

差別化したパッケージが好評

スタジオジブリの宮崎駿が見たら腰を抜かしそうな商品、それが「となりのトロロ」である。中身はとろろ昆布なのだが、「となりのトロロ」と見れば誰もが吹き出してしまうから面白い。このような簑谷流のパッケージ戦略はまだまだ続く。

〈恋に一味　桃色トロロ〉

〈とろ味バツグンとなりのトロロ〉

仰天しそうな失笑ものの、「だじゃれパクリ」といったコピーである。歌手の高橋真梨子も思わず目皺をつくってしまいそうなコピーなのだが、どうしても憎めない。「あーあ、やってる、ようやってるわい」との印象を抱きつつ、笑いを漏らしてしまう。そして、なぜか印象強く記憶してしまうから不思議だ。そこが、簑谷の狙いとなっている。

ここまでやるか……という極めつけもある。パッケージ写真に、なんと簑谷の妻の若かりしころの顔写真を使っているのだ。この写真の人物が社長婦人であることを知る人は恐らくいないだろう。客は、モノクロのセピア色の写真に郷愁を感じるのだ。

「実は目当ての女性二、三人にモデルをお願いしたのですが、ご本人はもとより親からも反対されましてね。やむなく、うちの女房の若いときの写真を使うことにしました」

と、笑って言う簑谷だが、その目は笑っていない。というのも、簑谷流のモデルとは、あくまでも好みのお眼鏡に適った女性でなければ納得しないからだ。たとえば、買い物袋や店の看板に登場する「卑弥呼」の絵である。もちろん、実在の絵柄などあるわけもない。そのモデルは、簑谷の初恋の女性であるという。

ほかにも「楊貴妃」の絵があるが、そのモデルも簑谷がひと目惚れして口説いてモデルになっ

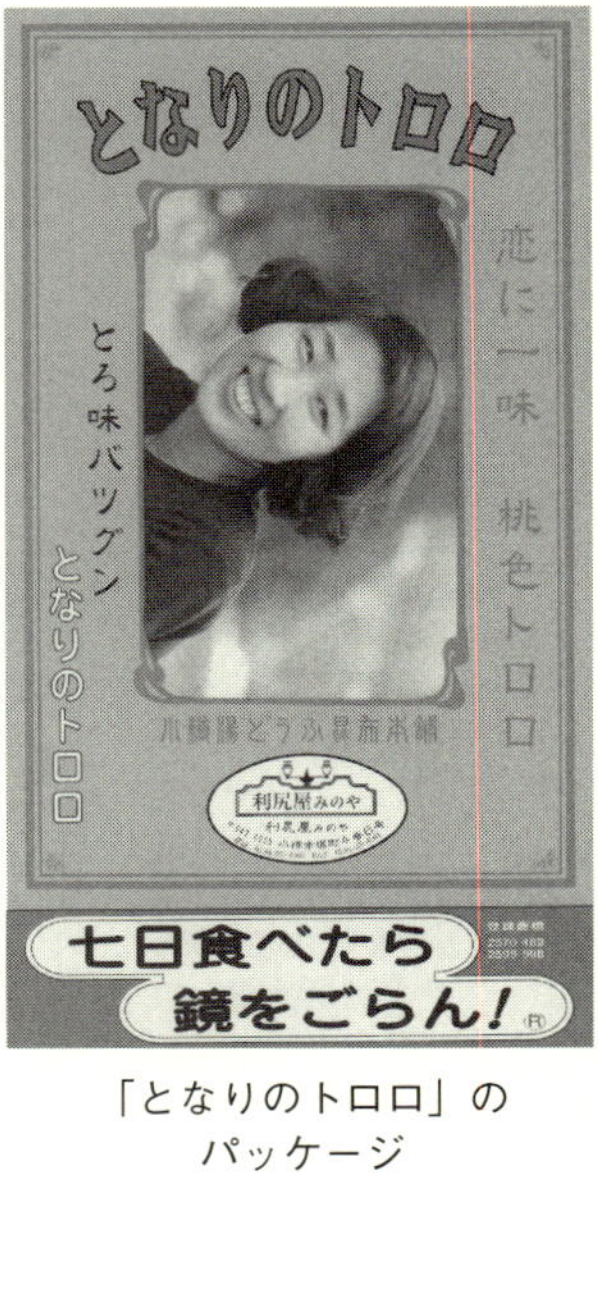

「となりのトロロ」のパッケージ

てもらった女性である。モデルになるといっても、写真を何枚か借りて、その顔をプロの画家が想像上の人物に仕上げていくというものである。

「私は生来の女好きですから、惚れる気力がなくなったらアウトですよ。私のエネルギーでもあります」

このように普段から口癖のように語る簑谷だが、その意を汲んで描く画家もまたすごい。色香漂う、幻想的な美人の「卑弥呼」と「楊貴妃」を描いてしまう腕前は天才肌だ。岩内郡泊村出身で札幌在住の藤倉豊明画伯の作品であり、一見の価値がある。

楊貴妃海帯沐浴之図

楊貴妃のモデルになった
大友美和子さん

パッケージの妙と戦略

包装紙のネタをばらしてしまうのも、また販売戦略となるから仕掛けは奥深い。前述した簑谷の妻の写真を使った商品の場合、透明な袋からのぞくとろろ昆布は黒ずんだ色合いで決して上質な昆布とは映らない。さて、これをどう売るか。

パッケージは、緑の地色に赤で「となりのトロロ」と書く。「七日食べたら鏡をごらん」という看板コピーも入るが、その真横に女房の写真を刷り込んでおり、アルバムから引っ張り出したとの印象を植え付けている。もの珍しい写真を見てつい手にした客は、ふとこの写真の主は誰なのだろうという疑問を抱く。そして、この写真を使う意味があるのだろうかと軽い疑念をもってしまう。

「実は、うちの社長の奥さんなのですよ。とにかく愛しているものですから、恋に一味桃色トロロなのです」と声をかける店員に、客は「あらそうなの」とより印象を深めてしまう。どちらかというと黒ずんだとろろ昆布のマイナスイメージを、夫婦の愛の深さを打ち出すことで「恋に一味　桃色トロロ」の意味を理解させてしまう。夫婦愛の深さをもち出されて嫌な気分になる女性はいないだろう。そこが狙い目なのだ。

普通の感覚では考え及ばぬ着想力、そして吹き出しそうになる取り合わせ、そこには簑谷の計算された仕掛けが存在している。常識に尻を向け、とにかく面白さを徹底するのが簑谷流と言える。

私見ながら、簑谷夫人はなかなか庶民的な美人顔をしている。アルバムから引き抜いた一枚という「泥臭い」スタンスが、客の目線に捉えられて共感を呼ぶということを狙っているのかしれない。

スーパーマーケットやデパートなどと同じような商品を扱えば在庫も包装紙も少なくてすむが、これでは特色もなく、五〇歳で脱サラしてまではじめた商売の意義がない。簑谷でなければ生み出せないパッケージの商品を置いてこそ起業した意味がある。このような視点が簑谷の独自性なのである。

売るより客集めが先決

「社外秘」と刷られたマニュアルが残っている。その具体的な事項として、《利尻屋みのやに客が入る訳》、《利尻屋みのやが売れる訳》というものがある。そこでは、従業員が客に語りかける

「誘導の仕方」が展開されている。

[お客様はお金をもってショッピングを楽しむために来店する]

1、キャッチフレーズの大切さ

「七日食べたら鏡をごらん」

なんだろう？　どうなるの？

2、興味を引く言葉

「此の天井をご覧になってください！」（天井には本物の昆布がズラリ）

入ろうか、入るまいか。迷っているお客様を一歩店内へ前進させる。

3、美しさと女性の心理をつく言葉で（美人昆布）

女性全般には「此れは、お肌を美しくする美人昆布です」

「もう遅いっしょ！　決して遅くはございません……」と笑わせ、なごませる雰囲気に。

高齢者には「腸ガンの予防、血管の詰まり防止に役立ちます」

五〇代以上の人は皆、不安を持っている。

若い男性には「胃潰瘍、十二指腸潰瘍にも効果があります」

[全員に]

4、「此れは懐かしい味」ノスタルジア（昆布チップ）
若い人でも昔のことを知らないながらも興味を示すもの。
5、「次に、昆布にカボチャの種」（パンプキン）
年配者が好むが若い女性には
若い女性には「なぜか若い女性に人気があります」
老若男女には「これは肝臓の薬でもあり、お酒飲み必帯！」
（若い女性でも、お酒を飲む機会が多くなった）
6、「そして、頭の良くなる昆布」（おしゃぶり）
中年までの女性には「子供さん向けですから、もう遅いですね……
と笑わせながら、アゴを使うように硬く仕上げてあります。
若い男性・タバコの本数を減らしたり、運転中の眠気防止に。
※　歯の弱い年齢層は飛ばす。
7、「まだまだあります、さらに美味しいのはこれ！（北海浪しずく）昆布の中から梅の肉
がとろーり」
特に女性へ「これは人気がございます！」
※　ここまで、グイグイと奥へ誘う。

8、食べて（酸っぱい）との表情を見計らって（黒豆）「酸っぱい後はこれ！　カラオケに行く前に一粒食べると、渡辺美里！美空ひばり、北島三郎、のどにいいでよ」
「黒豆をボイル、乾燥させた健康食品で、甘納豆とは違います」
※　歯の丈夫な人にのみ（勧める前に硬さを確認するために食べて見せる）
※　黒豆はかならずしも全員に勧めなくてもよい。

マニュアルは、ここまでが「前座」である。客の興味をつなぎとめ、昆布の面白さを理解してもらい、興味をもたせる接点がこれででき上がった。それでは、なぜ「前座」なのかと言えば、「真打」の「湯どうふ昆布」がこのあとに控えているからである。それを買ってもらうために、昆布のイロハを「前座」として知ってもらったわけである。

9、「わたしどもの店には、ほとんどのお客様が、全国からこれを目当てにいらしていただいております」といって「湯どうふ昆布」の場所へ案内する。
声を大きくして、「こんな見映えのしないへんてこりんな昆布！　これを食べられますと従来の昆布に対する認識が変ります」

「売り切れになりますと、全国からこのような予約が入ります。当店（うち）にしかないものですから……予約の入る昆布はこの昆布だけです」

「食べて驚いて、すぐ追加注文が入ります」

ここで、「湯どうふ昆布」の説明に入る。

「なにを買われるよりも、この昆布だけはだまされてください」
※　買ってください……とはいわないのがミソ。おもしろおかしく言わないと客は乗ってくれない。
※　追い討ち①
「見映えのよい昆布の十倍はおいしい」
※　昆布の産地に詳しい人には言わない。雰囲気で判断すること。
※　追い討ち②
「かならず、ご自分で召し上がってください」

まだ買っていない回りのお客さんが……そんなに自信があるのならおれも！


1～3までは、まず興味を抱かせることに傾注し、4の「昆布チップ」、5の「パンプキン昆布」、6の「北海浪しずく」、8でちょっと回り道をして「黒まめ」をそれぞれ試食してもらい、目的の商品「湯どうふ昆布」（八八〇円）に客の興味を誘導していく。客の気を逸らせないでここまで引き付けることがマニュアルの役割となっている。

だが、決して結論を急がず、〈買ってください……とはいわないのがミソ〉と教えている。客の興味を引き延ばして会話を進め、購買に誘導していくというマニュアルなのである。

「新しく採用した社員には、店の二階で大きな声を出して暗証するように教育していますよ」と言う簑谷、自ら実践して成功を収めた手法であるだけに、その言葉にも自信がうかがえる。

父の父も買う、母の母も買う、やわらかやわらかやわらか「湯どうふ昆布」

逆転の発想は二つあった。一つは、昆布卸業者に止められ、周囲から反対された昆布の小売業にあえて手を出したことであり、二つ目は、およそ昆布らしくない戸井町小安の「やわらか昆布」を看板商品に据えて商いをはじめたことである。

昆布の小売商品に対するこれまでの消費者の意識を変えるべく、食べる昆布として「湯どうふ昆布」を看板商品に据えた。「湯豆腐」という家族団欒の食事のイメージをもち出して、昆布の存在を際立たせた。平凡すぎるのだが、考えてみれば胃にもやさしい食べ方であり、およそ商品化など着想しない「湯豆腐」にこそ商機ありと捉えた簑谷の慧眼《けいがん》である。

小樽に入り込む観光客が上昇傾向にあったという追い風もあった。これまでのカニ、ウニ、チョコレートといった観光土産の定番の一角に、意表をついて、あえて昆布という地味な素材を登場させた。小樽の観光土産に昆布を据えた簑谷の手法は、当時の業界では無謀であり、大変な冒険と映っていたことであろう。

時代はグルメブームが沸きあがる一方で、飽食時代の見直しをしようと健康食品に対する消費者の目が注がれつつあった背景も幸いした。簑谷は「健康食品」として、「医食同源・美食同源」を前面に出して昆布の特性を説いた。さらに「脱サラのススメ」を人生のモットーに掲げ、自ら五〇歳で会社を辞めたことを強調し、「昆布で会社を辞めた男の話」と臆することなく、自らの人生をさらけ出したのである。

とにかく努力の人である。並列するのが、旺盛な好奇心と顰蹙《ひんしゅく》を買うことにあえて挑戦するという姿勢である。客の心の襞にピタリと触れる言葉を見つけるのが実に巧みなのだ。固定観念に捉われず、柔軟な発想をもって行動に移し、冷徹な実利の心眼をもあわせもっている行動派と映る。

看板のキャッチコピーに大言壮語の感はあるものの、ちゃんと消費者の心を読んだうえでの言葉が配置されている。自らを「ホラ吹きだから」と笑い飛ばす屈託のなさに気負いはない。しかも、小樽観光に対する思い入れはとてつもなく大きい。丁重な話し方のなかに信念が宿る「利尻屋みのや」の代表取締役である簑谷修の姿勢は、冷厳でありながらも存分に愉快なのだ。

昆布の生産地として全国に名前を轟かせる北海道だが、意外にも昆布料理の幅は狭い。昆布が主役となる料理では「昆布巻き」がその代表となろうが、やはり出汁《だし》としての存在が大きい。ちなみに、昆布料理といえば沖縄が全国一の消費地となっている。

そんな北海道で、昆布販売を専業とする店は少ない。お歳暮やギフト商品として化粧箱に収まる存在か、あるいは大都市の百貨店などで開催される北海道物産展などで販売される昆布ぐらいである。それがゆえに、昆布で飯は食えないという説がこれまでの問屋業界での常識とされてきた。その常識を覆すために、いかなる戦略を立てて挑むか。簑谷が心血を注いで練り上げた戦略が、対面販売の心得に凝縮されている。

対面販売は出会いの場

「出会いが一番の宝である」と、簑谷は強調する。「一期一会」とも言われる人との出会いを千オ一隅のチャンスと捉えて、対面販売で客とのコミュニケーションのとり方をマニュアル化していった。「いかにして、対面販売で売り上げに結び付けられるかが勝負どころである」と、簑谷は言う。

「私には確信がありました。昔の会社で半導体をつくっておりましたが、そのとき品質管理についてはある程度理解しておりました。要は、いかに売れる戦略がともなっているのかということです。品質がよいというのは、当たり前のことなのです」

会社の営業戦略が整っていなければモノは売れない、ということを肌で味わい、会社営業の対極にある商店の対面販売にこそ好機があると説く。客を逃さないためにはどのような戦略を立てればいいのか、そこに営業の核を置いた。つまり、客との出会いを通しての立ち話をその第一歩として、会話をいかに長くつなげていけるのかと自らに問うた。

簑谷は、自らがつくったマニュアルを社員に徹底させた。その仕掛けについては第２章で詳述するが、立ち話では話題にも限界が生ずるため、やはり日本人としてお茶でも飲みながら一服しませんかと誘い込み、漫談を仕掛けることにした。

「お茶を飲みながらというときに役に立ったのが、地理と歴史に興味があったことですね。お茶のサービスに『昆布茶』をはさみ、お客の興味を誘うようにしました」

簑谷流「漫談」に引き込むことができたら、まずは成功である。ここから「簑谷流のホラ話」

が威力を発揮していく。

「私は、ただものを買うというよりも、買う楽しみが必要なんだと思いますね。買ってさようなら、というのであればコンビニでいいわけですから。対面販売の楽しさというのは、人間同士の会話が楽しいから成り立つものです。そこで、ゆっくりと寛いでいただいて、お話できる場所と考えて広い場所を確保しました。ただ、それだけでは面白くないので、昔の生活道具などガラクタを並べることにしたのです。みなさんそれぞれに思い出のあるものですから、それを眺める人たちの口から『ああ、昔はこういうものがあったね』と、昔を懐かしむ言葉が飛び出します。そのことで滞在時間が長くなり、私とのコミュニケーションがとれます。これこそがおもてなしの原点だと思いました」

懐かしい品々が並ぶ大正クーブ館の店内

昔の生活道具に視線を預け、懐かしむ客に言葉を投げかけるのが簑谷の歴史談である。客の心理の上澄みをさりげなく刺激し、さざ波を立てる。間合いを取るように、客の口に運ばれるのが用意された昆布茶。普段飲みつけている煎茶やほうじ茶、番茶ではなく、昆布茶であることがミソとなっている。

「あら、この昆布茶、とってもおいしいね」という発見の言葉が飛び出せば、それだけで衝動買いの心理が働き、仕掛けが成功したことになる。

「味わっていただく機会をいかにもつか。好感をもってもらえるという品質には自信がありますから、一度でも口にしてもらうことが一番の目的なのです。そこから、リピーターが生まれるのです」

不老館の店内でお客さんとやり取りするスタッフ

簑谷は、原則として一般的な広告は出していない。「投資効果を計算できないから」という考え方なのだ。その投資効果を直接生み出すのが、試食であり試飲である。一杯の昆布茶を無料提供することで購買心理を刺激するのだが、そのための投資をケチらないのが簑谷の流儀である。毎年、無料サンプルに数百万円を投資している。

ただし、この無料サンプルや試食、試飲の費用をあらかじめ商品価格に盛り込むというケチな商いはしていない。商品に対する顧客の信頼、そして価格の適正化を何よりも優先させている。食べた結果で、自然とリピーターを増やしていくという「下心」が簑谷にはあった。

「やはり、リピーター客をいかに増やすかが基本路線となっています。店に来ていただいたお客を、みなさんうちのセールスマンにしてしまえという〝虫のいい〟考えが簑谷方式なのです」

簑谷の目が線になった。

第2章

歴史を「人質」にした平成の「諧謔《かいぎゃく》商売」

徐福村を取材する簑谷修（右から２人目）

「ホラ」と「うそ」の違い

簑谷が口癖のように語り、時には自虐的に表現する「ホラ吹き」だが、実はしっかりとした言葉の根拠をふまえて使っている。簑谷は、「ホラ」と「うそ」の違いを次のように喝破する。
「ホラは、自分の希望を明るくアドバルーンにして他人を楽しませるものであり、自分を元気づけて鼓舞するものです。一方、うそというのは相手を貶めるための言葉です。善意に考えると、釣りにも行かないのに逃した魚はこんなだというのがうそで、釣りに行ったけれど、こんな厚紙しか釣れなくて……酒を飲んだらこんな話になるというのがホラです」

大げさな言い回しや大風呂式な表現、言葉の誇張に込められる「ホラ」の意味が、簑谷の場合、理想の大きさや自らを鼓舞し周囲に楽しいアドバルーンを放つことと捉えている。簑谷が掲げる理想とは、世間のレベルからかけ離れた話題をもち出して自ら諧謔《かいぎゃく》手法で表現することである。これが、簑谷流「ホラ」の本質なのである。

簑谷は、「男子たるもの、ホラの一つも吹けないでどうするか」と言って次のような例をもち出してきた。

- 満鉄の総裁や東京市長を務めた後藤新平のあだ名は「大風呂敷」。
- 吉田茂元首相は、白タビを穿いた大ボラでアメリカを手玉にとり、敗戦日本を導き、懐刀の白洲次郎は、ジョークで泣く子も黙るマッカーサー元帥を黙らせた。
- 池田勇人元首相は「貧乏人は麦を食え」と言う一方で、「所得倍増計画という大ボラ」のアドバルーンを揚げ、国民を鼓舞し実現させてしまった。
  これもウソのような本当の話し
- 薩摩という国は、もともと実りの少ない国。幕末にはなんと五〇〇万両の借金。調所広郷というお茶役を大抜擢し、①借金の踏み倒し、②ニセ金造り、③昆布の密貿易で財政を立て直し、明治維新を成し遂げた。

社長・役人・議員・市長になることは大変名誉なことであり、重責がともなうものである。上に立つ者に必要なのは、「恥を知ること」と「目標をホラ混じりで明るくアドバルーンを揚げてみんなを引っ張っていく」ことである。簔谷流の「ホラ」の最たるものは、自らの昆布販売で「日本中の女性をきれいにしたい」と吹聴して、女性を鼓舞させる「大ボラ」にあるようだ。

「ホラは文化」になりうるか?

簑谷は、「ホラは文化である」と言い切る。広辞苑によると、ホラとは「大言を吐くこと。でたらめを言う人。また、その話。虚言」とあるが、簑谷流のホラは、たしかに「大言を吐く人」ではあるが、「でたらめを言う人」には当たらない。もちろん、「虚言」でもないし、かつて縁日や祭りの路上で見られた「啖呵売」のように、口先八丁の話術でイカサマ商品を売りつけた手合いとも違う。

正真正銘の健康食品「昆布」をいかに売るか。消費者に出汁《だし》食品としてしか捉えられてこなかった「昆布」を食べる食品としていかに興味を引かせるか。その売り方に腐心した結果、編み出されたのが簑谷流の諧謔《かいぎゃく》なのである。あえて「ホラ吹き」とへりくだることで客の警戒心を解き、興味を抱いてもらおうという心遣いなのだ。

では、簑谷は何をもってホラは文化であると定義づけているのであろうか。「ホラは文化になりうるか」という講演用の原稿には、次のように書かれている。

暗く他人を不幸に貶めるための「うそ」とは異なり、道南地方の「江差の繁治郎」や絵本に「ホラ男爵の冒険」等があり、子ども心にも楽しく読んだものでした。いま「世界ホラ吹き大会」が毎年開かれ、今年の開催地はニセコでした。

あくまでも諧謔《かいぎゃく》としての「ホラ」であり、客とのコミュニケーションを進める手段としての会話法なのである。この「ホラ」は、商品の品質や信頼度とは別次元のところに存在している。

プロローグで紹介したが、簔谷の「売れるための四つの条件」の二番目に掲げられている「期待を裏切らない内装と物語の展開」の脚色に、この「ホラ」は取り入れられている。

古来より伝わる昆布の流通の歴史を表面的に捉えただけでは、堅苦しいだけで面白みが欠ける。かといって、歴史を歪曲化しては本物の「法螺《ほら》」になってしまうため、史実に則ったうえで「ホラ吹き昆布館」流に歴史の組み立てをして説明を行っている。そのストーリーとドラマ仕立てが目玉となって、観光客を楽しませている。

「ホラ吹き昆布館」で紹介されている歴史ストーリーの一部を以下で紹介していこう。

「ホラ吹き昆布館」に展示されている昆布の歴史を説明するパネル

「ホラ吹き昆布館」

利尻屋みのや本店に併設されている「ホラ吹き昆布館」、先ほど述べたように、昆布の歴史を簑谷が解説・展示したミュージアムである。一九九九（平成一一）年四月に開館したのち、同年八月六日には「特許庁商標登録申請許可」となり「登録番号四三〇一六三四」をもつ商標登録ミュージアムとなっている。

その展示内容（パネル）を紙上で再現していくことにするが、一部、文章などにおいて改変していることをお断りしておきたい。また、巻末に掲載した「付録」も参照していただくとより面白いのだが、やはり「ホラ吹き昆布館」に展示されている現物のパネルには及ばないこともお断りしておく。まずは「序文」からである。

序文

西暦と呼ばれるものが採用されて、わずか二〇〇〇年。さらに、この人間世界が大きく変化したのは近々数百年のことである。六万年にさかのぼる人類の営みは、経験の積み重ねと英知により自然と調和し、営々と子孫を残してきた。それらの遺跡から、現代の私たちが考えるよりも遥か遠く、数千キロメートルにも及ぶ交流が古代から続いていたことをうかがうことができる。また、歴史を見ると人類に争いの絶えることがなく、その争いが「文明」というものを発達させてきたことも否めない事実であろう。

大和朝廷統一前（四〜六世紀）の古代王国と日高見国

大和朝廷と陸奥・日高見国を語る場合、「蝦夷《えみし》」の意味を正しく理解することが必要である。ややもすれば、蝦夷＝えぞ＝北海道またはアイヌ民族と捉える人もいるが、一言でいえば、「京の都から遠く離れた東北地方に居た人々」または「関東から東北、北海道にかけて生活の様子が異なる住民を都の人々が呼んだ言葉」ともなろうか。つまり、今の東京人も古代では「えみし」と呼ばれていたということである。

ちなみに、日高見国とは、『蝦夷』（高橋崇、中公新書）によると、「まだ大和朝廷の勢力圏に入らない国を『日高見國』と呼び、荒天琉神《あらぶるかみ》、麻都楼波奴人《まつらはぬひと》（従わない人）＝悪人が住んでいるので、攻めとって王化（大和文化）に染めて幸せにしてやろう……と蝦夷征討を命じた」とある。

それでは、「蝦夷」となぜ書き、「えみし」、「えぞ」と読ませたか？　以下のように諸説あるものの、古代中国の言葉を日本側が悪意に満ちた漢字を当てはめたもので大変な侮蔑用語と言える。

①六五九年、遣唐使が同行させた「古代東北住民」を高宗皇帝に引き合わせた時、当時中国の住民の一部との共通性を認め「カイ」に似ている……と云われたので「蝦夷」の漢字を当てはめた説。

②「蝦」はエビ「海老」のことであり、長いヒゲを持ち腰の曲がった醜いもの……と憎しみを込めた蔑称説。

③日本語の「弓人」＝「弓師」から出た説。「夷」は「大」と「弓」を組み合わせたもの。

④「日本書紀」の神武天皇には「愛彌詩《えみし》」とある。（強い人、勇者の意味）

⑤アイヌ民族の言葉で「人」を意味する言葉「エンチュ」を、和人が「エミス」、「エミシ」とまちがえた説。

彼等自身の手による記録がなく、国家側の正史（『日本書紀』など）や公式文書（『太政官符』など）だけである。それは、ある種の色眼鏡を通したものが多い。

●呼称――エミシ、エミス、エビス、エゾ

●漢字表記――夷、狄、毛人、蝦夷、衣比須。はては、俘因、夷俘、田夷、山夷、熟蝦夷、荒蝦夷なお、「毛人」表記の場合、「体毛の多い人々」、「毛皮をまとった人々」、「ヒゲをそる習慣のなかった人々等を表したことが想定される。

この「毛人」の呼名、文字はヤマト時代前期頃の「東の夷人」の呼称で毛人の訓は本来「ケヒト」で、しかも初めは「異人（ケヒト）」であった。のちに、毛人たちは勇者の意味の「ユミシ（弓人）」となり、エミシに転化して美称となった。

蝦夷はヤマト時代後期ごろの日高見の国の「ひなびと」たちの呼称で、蝦夷の訓は「エミシ」の転化という形をとったが、もともと「エビス」であり「エミシ」ではなかった。

時代によって解釈は変わる。聖徳太子の六世紀ごろ、蘇我蝦夷、蘇我豊浦毛人、佐伯今毛人など、貴族から庶民に至るまで四〇名近くの「毛人」という名をもつ人間の実在が確認できたが、その後見えなくなった（『日本古代人名辞典』より）。

日本は古代より、大陸に争乱が起きる度に、高い文化をもった技術集団が幾世紀にもわたって

移住してきた。朝廷権力と結び、大陸に使いし、種々の制度を導入したため「自分は世界で一番　他は全て劣る者」という中華思想より、他民族を漢字表記で、倭、冦、夷、魁、狄、蛮などを使っていることに倣ったものと思われる。

昆布とシルクロード——北の海みち

日本の縄文文化が終わろうとしていたころ、中国大陸では兵乱が続き、過去から交通のあった日本への難民が大挙して押し寄せた。九州や山陰が多かったであろう。そして七世紀、「高句麗」ののちに「渤海国《ぼっかいこく》」が興って、日本に盛んに交易を求めてきた。

なぜか、出羽や津軽に意図的に来着している。この背景には、「北日本の方がもっと以前から密接な交流」があったのではないか……ということを推測させてくれる。また、中国東北部・ロシア沿海州より樺太を経て、利尻、礼文島・宗谷・網走への交通交易ルート（江戸期には「山丹交易」に変化）ができたことにより「オホーツク文化」と呼ばれるものが形成されていったのであろう。

この「渤海国—日本の東北」および「沿海州—北海道」の交易路を「北の海みち」と名付けた。

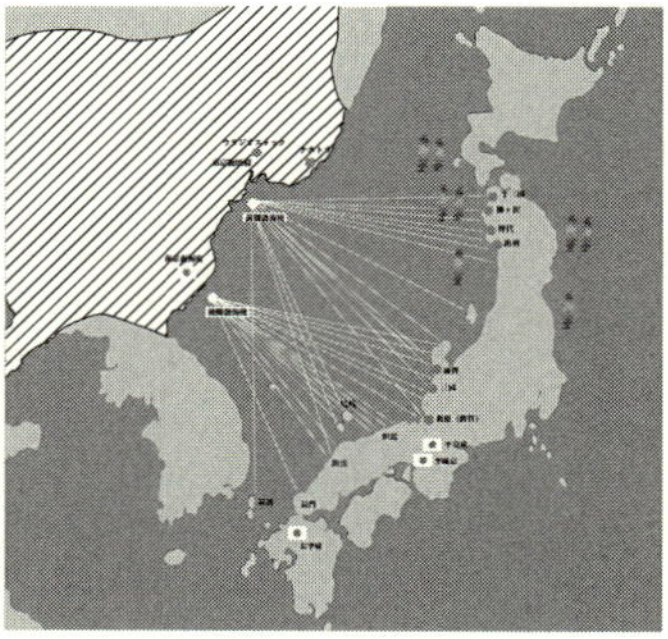

渤海国使の来訪航路図解

有史以前の交易路を推測することから夢をシャボン玉のように膨らませて、この物語ははじまるのであります。

沿海州を行く昆布——道路の整備がされていなかった古代においては、アムール河や松花江は河船・ソリによる大量の生活物資が行き交っていた。現代のように国境線もパスポートもなかった時代は、北方少数民族による活発な交易が、驚くほど遠くまで行われており、「オホーツク文化」とも言うべきものが栄えていたのである。

知られざる王国「渤海」——誰も知らない渤海（六九八～九二六年）、平安の昔「唐」も羨むほどに栄えた王国があった。日本に三五回も交易船を派遣し、菅原道真《すがわらのみちざね》などとさかんに「詩歌」のやりとりをして、文化的にも大変進んだ国であった。

昆布王国に謎の埋蔵《まいぞう》古銭《こせん》

みなさん、国内で九三パーセントを産する昆布王国北海道で、日本

オーロラ輝く白銀の道をソリで運ぶ昆布。トナカイを駆けるギリヤークの乙女

最多量の埋蔵金、いや埋蔵古銭（銭亀沢《ぜにがめさわ》古銭）が出た事実をご存じでしょうか！

ガラガラ　ガラー！　突然キャタピラが止まった。

ブルドーザーを誘導していた高谷さんが思わず叫んだ。「埋蔵金だぞー。ゼニが出たぞー!?」

それは昭和四三年夏、函館市志海苔《しのり》町、加藤組の工事現場のことであった。「あるわ　あるわ　ザックザック　ザックザク」の形容詞そのままに、推定五〇万枚もの古銭の発見である。

この加藤組の社長さんは偉い人で、工事が中断されたにもかかわらず、一切の権利を放棄されたことは、何事にも「金、金」と騒ぐ今どきの日本人の中で誠に尊敬に値する行為であります。

誰がいつ埋めたか？——いまだ解明されていないが、一四五七年（室町時代）当時、志海苔館主「小林良景」説が多い。

なぜ埋めたか？——北海道南部は鎌倉時代に流刑地にされたことや、古代より東北津軽と同じ文化圏であり、交易や倭人の移住と増加に伴い、争いも増加。一四五七年、コシャマインの乱当時に埋められたか？

他にも例がある——文政四年（江戸時代）、隣町の戸井《とい》町で銅銭六万枚が発見されている。コシヤマインの乱当時の館跡（館主・岡部季澄）よりの発見である。

どの位の価値か？——古銭の価値は時代と共に大きく変わる。銭亀沢古銭五〇万枚は五〇〇〇貫《かん》文《もん》に当たる。応永一二年（一四〇二）、「日本国王」と呼ばれ、明銭《みんせん》を輸入し日本国内に領布《りょうふ》する権限を独占していた「将軍足利義満」が明国《みんこく》より与えられた量が一五〇〇貫文。応永一四年には一万五〇〇〇貫文。卑屈《ひくつ》な朝貢《ちょうこう》貿易と言われながらも、日本国王が手にした量から見て、大変な価値の財宝である。

なぜ、北海道に？——当時の銅銭は一般庶民には無縁に近く、交易の代金や豪族の富の象徴《しょうちょう》であった。前九年《ぜんくねん》の役《えき》で敗れた安倍貞任《あべのさだとう》の子孫を名乗る津軽安藤氏《つがるあんどうし》が鎌倉幕府北条家の蝦夷管領《えぞかんれい》として、中国渤海《ぼっかい》、朝鮮、アムール河周辺、カラフトなどと国際交易を行っていたようである。その北方交易品は、都人《みやこびと》の切望《せつぼう》するものばかりであったため大量の財貨が蓄えられたと思われる。当時の昆布は、重要な商品であっただろう。

発掘地の地名——発掘場所は、函館市志海苔《しのり》町であるが、以前は亀田郡《かめだぐん》銭亀沢《ぜにかめざわ》村字《あざ》志海苔と呼ばれていた。その後、銭亀沢村と志海苔村とに分かれた。今回、発見場所が銭亀沢地区であったので、「銭亀沢古銭」と呼んでいる。古くから、「銭が瓶《かめ》に入って埋められている」との言い伝えが地名になった所である。

謎の埋蔵古銭
昭和43年夏　函館近く　銭亀沢《ゼニガメサワ》
50万枚
財宝は北海道が安全だった。ちなみに50万枚は五千貫文じゃ
五千貫文ってどのくらいの価値なんですか？
ハハハー　有難きしあわせ
将軍様が頭を下げていただく銭が一五〇〇貫文じゃ
一五〇〇貫文もワシにくださるとは……
あら　うれ
北海道に五千貫文とは莫大な財宝じゃよ！
なぜ北海道にこんなに古銭があったのですか？
そのころ中央では将軍足利義満がぜいたくな暮らしをしていた一方世の中は混乱していた。
南北朝時代　1397年　金閣寺
足利義満
天子様も食べてる昆布が欲しい！
武士は南北朝の戦乱
打ち壊し・百姓一揆
昆布交易図
昆布がとれて金になるというので続々と和人が道南に渡って来た。
そしてしだいにアイヌの人々の平和を乱すことになるのじゃ！
康正二年（1456）ついに起ったコシャマイン
康正二年春　小刀のことでアイヌ青年が和人の鍛屋に殺される。
12館の内　10館炎上
ヒイシ　ハナザワ　シノリ　ハコダテ　モヘツ　ナカノ　ワキモト　オンナイ　オヨベ　オオダテ　ネボタ
昆布が採れて金になるぞ！
かわいい娘だ！
奴らが来るぞ　早くかくせ！
それが志海台で発見された古銭はこんな状況だったのじゃろ！
この場所はオレたちのものだ
代金を払って下さい
なぜ、そんなに昆布をほしがるのですか？
それはこんな訳なのだ!!
平城京（奈良）まで天皇に昆布を献上していたのじゃ！
須賀君古麻比留《すがのきみこまひる》昆布献上図
「715年　続日本紀」
♡貴族の食べ物として好まれた
♡秦の始皇帝が不老不死の仙薬として求められた
よろこんぶ
♡武士の戦勝祈願として
♡昆布には霊力があると思われていた
お肌が傷む昆布はまだか？
女性の髪の美しさの最大の誉め言葉であったのじゃ
お肌と髪の毛が美しくなると高貴な女性が欲しがった
カラスの濡れ羽根

謎の埋蔵金王国

昆布を持って稼いだ「王昭君《おうしょうくん》」

「匈奴《きょうど》」……中華思想は、何とまがまがしい呼び名をつけたものか。世界でもっとも地球の自然に悪さをしない民族、この優しい毅然とした「モンゴル人」を、遊牧をしているというだけで「匈奴《きょうど》」と呼んだのである。

二〇〇〇年の昔、「秦《しん》」が滅び「漢《かん》」が興った。農民が開拓地を広げることにより、牧草地を守ろうとする高原の騎馬民族との戦いが発生した。「秦」がわずか一六年で滅んだのも、「匈奴」との戦いに疲弊したためであった。

「漢」の高祖劉邦《りゅうほう》は、自ら大軍を率い戦いに挑んだが、三二万騎の匈奴軍に包囲され、身をもって脱出しなければならないほど強かった。東トルキスタンを制圧しシルクロードを手にした「呼韓邪単于《こかんやぜんう》」は、「漢」との和平を得られるなら皇帝の婿になりたいと申し入れた。このことから皇帝の娘として、匈奴の王「単于《ぜんう》」へ嫁いだのが中国四大美人の「王昭君《おうしょうくん》」であった。

匈奴図

「悲劇の美女」と唐の詩聖・李白は詩《うた》うが、彼女は大変聡明な女性で、「自分の運命が、そうであるならば、悲しむよりも進んで両国の平和に尽くさん」。密かに持ち出された昆布（海帯《ハイタイ》）の交易ルートにより、「美と長寿の仙薬」昆布を貴重な薬として用いるようになったが、「秘中の秘」記録としては残らなかったのである。

かつて「匈奴」の版図《はんと》であったシルクロードのオアシス都市では、日常的に昆布を食べているのを目のあたりに見て、取材班は驚いた。中国・内モンゴル自治区の首都「フフホト」に墓があり、その近くに気品溢れる「王昭君《おうしょうくん》」と「呼韓邪単于《こかんやぜんう》」の寄り添う騎馬像がある。慈愛に満ちた「単于《ぜんう》」の「王昭君《おうしょうくん》」を見守るその眼差しに、私たち取材班の目が潤んだ。

昆布を持って嫁いだ「王昭君」

『敦煌《とんこう》・莫高窟《ばっこうくつ》』――昆布観音《こんぶかんのん》

砂漠のオアシスに花開いた、荘厳な仏教文化はあまりにも有名である。四世紀半ばに造営がはじまり、「唐」代にはすでに千余の仏教洞窟があったと言われている。

遠くペルシャ・トルコまで果てしなく続く砂漠を越えて、隊商《キャラバン》による交易と文化の往来があった。幾多の都市国家が栄え、そして滅んだ。時の権力者がもっとも望んだものは、不老不死の仙薬《せんやく》であることは洋の東西を問わない。

財宝に糸目を付けず、探させた歴史のなかで、時には怪しげなものを信じて命を落とした者もあっただろう。やがてラクダの隊商たちは、後世マルコポーロが名付けた「黄金の国ジパング」が東の海上にあり、その昔、秦の始皇《しこう》帝《てい》が道士《どうし》、徐福《じょふく》に求めさせた蓬萊山《ほうらいさん》に住む仙人が持つ仙薬、その名も「美海《びはい》帯《たい》」と呼ばれる、「美と長寿の仙薬」であることを知った。

そのように遥か古代に海を渡った北海道の昆布が、砂漠の王侯の間で密かに語り継がれて行った。仏教を庇護す

昆布観音

るサルタンたちも、「信仰による来世《らいせ》」と「仙薬による現《げん》世《せ》」のご利益を願いとして「昆布観音《こんぶかんのん》」が生まれたのであろう。

暗闇の中、眼《まなこ》をこらして探せども我々取材班の前には、そのお姿をお見せにはならなかったが、洞窟内の妖しげなる雰囲気が、十分に「昆布観音」を想像させてくれた。また、敦煌のレストランや飛行機の中でも昆布の料理が出され、想像以上に食べられていることに驚かされた。

楊貴妃《ようきひ》——海帯湯《はいだいとう》入浴の図

長安《ちょうあん》の東三〇キロメートル、華清地《かせいち》。ここは、八世紀初頭、玄宗皇帝《げんそうこうてい》が楊貴妃と愛の日々を送った所である。楊貴妃は、単に容姿が美しいだけの女性ではなかった。その美しさと、詩歌や史書にも長じ、深い思いやりと豊満な姿態をもった真に理想とする女性であった。

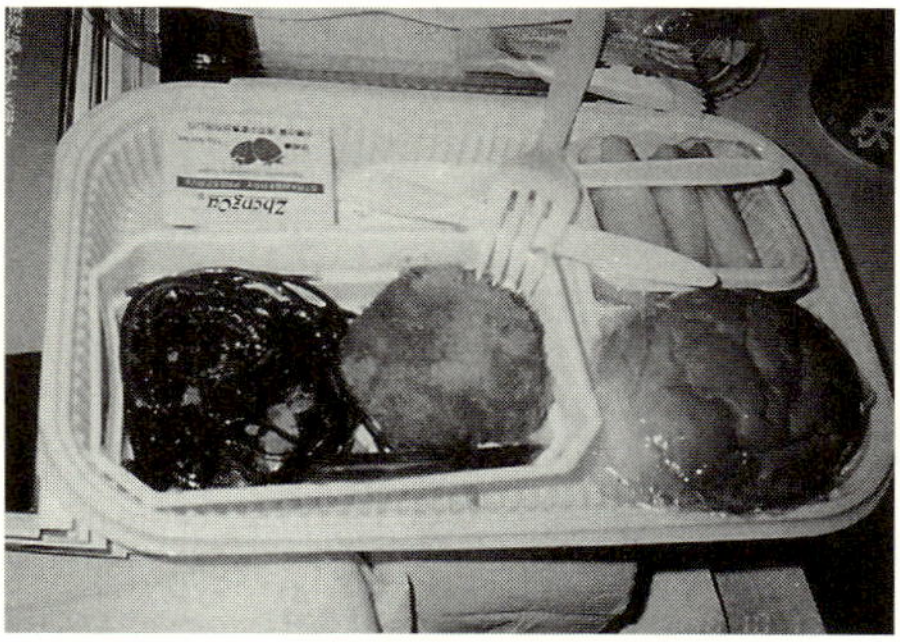

機内食に昆布の佃煮があった

楊貴妃はなぜ美人になれたか？

玄宗皇帝の皇子の婦人であったが、数多い夫人のなかであまり寵愛《ちょうあい》されていなかった。楊貴妃の心の優しさを知った皇帝は、自分の後宮《こうきゅう》に呼び、美海帯を食べることと、毎日「海帯湯」に入ることを命じた。下地が良かったことと、心の優しさが幸いして輝くばかりの美女になったのであります。

※見てきたようなことを言うな！

昆布温泉と蘭越《らんこし》美人

北海道・羊蹄山《ようていざん》の麓、ニセコ・蘭越町に昆布温泉がある。『日本書紀』に六五八年越《こし》の国主、阿部臣比羅夫《あべおみのひらふ》船隊を率い北航の時、名付けたと言われている。

楊貴妃が入った温泉と質が似ており、お肌が驚くほどスベスベになる。まるで昆布を入れたようなお湯のため「昆布温泉」と呼ばれる。この町の女性はみんな美人で、心優しく、働き者で有名である。

珍説――みのや版「昆布温泉の由来」

六五八年、時あたかも、朝鮮半島倭国《わこく》の進出基地「任那《みまな》」危うし。海戦に備えての軍事演習が必要であった。

『阿部臣比羅夫　大軍を率い北航　渡り嶋に至る。シリヘシ川を遡り、いとど気高きお厳かなる山を仰ぎ「ヨウテイ」と名づく。粛慎《みしはせ》と戦いし傷を癒《いや》さんと、湧き出る湯に浸り「武運招来《ぶうんしょうらい》」を祈願せる』

その故事より、来る武運→乞《こ》う武《ぶ》→こんぶ。また一説に、お湯がツルツルするのを現地では「クンプ」と言うを聞き、クンプ→くんぶ→こんぶとなった。……（アイヌ語で昆布を「カンプ」または「クンプ」と言う）

以上、「ホラ吹き昆布館」に飾られているパネルの一部を紹介してきたわけだが、これらの表記の最後には「参考文献」がすべて掲載されている（部分掲載のため本書では割愛）。しかし、「歴史として定まっていない言い伝え」や「現在発掘中のもの」などについては、「ホラ吹き昆布館」流の仮説を立てて、歴史ロマンとして見せ場をつくる仕掛けを簑谷流に行っている。

たとえば、考古学的に立証されていないものの、古代「邪馬台国」の女王「卑弥呼」とて実在した女性であると文献にはあるが、その素顔をうかがう手立てはない。しかし、「利尻屋みのや」に来ると、至る所で透き通るような絹衣を羽織り、帯に昆布を巻いて妖艶な表情で舞を見せる「卑弥呼」が描かれている。店の看板女性にもなっているし、パッケージの表紙も飾っている。

先ほど紹介した「楊貴妃」もしかりである。蝦夷地でとれた昆布を食べて肌の保湿に役立て、美しさを保ち続けたというストーリーに仕立て上げてしまった。誰であれ、嚢谷の手にかかると世に稀な美人として描かれてしまう。

嚢谷の解釈によると、現代人には想像もつかない絶世の美女は、昆布を食べて美人を保ち続けたことになる。あまりの美形と色香に男の視線は釘づけになるが、その女性の名前を「卑弥呼」と聞くと誰もが吹き出してしまう。この面白さへの誘《いざな》いが、嚢谷流の遊び心と言える。嚢谷流に、筆者も「一句」浮かんだので掲載させていただく。

卑弥呼や楊貴妃が、
現世《いま》の小樽に現れて、
昆布屋《みせ》の看板《かお》娘になったとさ。

女王卑弥呼が昆布で帯したる図

第3章

昆布を食べてもらうための投資

試飲用に用意されている「アラジンの秘密」と「ほら吹き昆布茶」

漫談調の「賀状戦略」

パッケージに記されている簑谷の漫談調のコメントが面白い。「ホラ吹き」の極めつけのような言葉を、機関銃のように打ち出してくる。たとえば、二〇〇三年に出した賀状は、「ホラ吹き年賀状」というタイトルとなっており、次のような書き出しではじまっている。

人生わずか五十年／　下天のうちにくらぶれば
夢まぼろしのごとくなり／　敗戦奮起の努力も忘れ
宗男に自治労・雪印／　尽心を無くした役人と
金に血走る政治家に／　働きバチを馬鹿にして
どこを向いても首切りばかり／　産業日本チャイナに敗れ
極貧国の仲間入り／　誇れる日本どこにある

当時の政治経済状況を思い出してしまうような内容だが、実に辛辣であり面白い。このような感性において生み出される賀状の文面を、実際の賀状を掲げながら紹介してみよう。

『強き者　汝の名は　女房殿』

妻を粗末は罰当たり／　炊事洗濯誰がする
家計《かね》のやりくり誰がする／　赤子の面倒誰が見る
米を借りるに誰が行く／　授業参観誰が行く
　家の雪投げ誰がする

亭主関白威張っていても／女房居なけりゃ何出来る
縄文弥生の昔より／　男の浮気は　八千年
ばれないつもりのつまみ食い／　芸者に手を出しやめた首相《ひと》
　そんなことには千里眼

うらみつらみはさらりと捨てて／　退職金のその時にゃ
その全額は私のものと／　趣味を持たない濡れ落ち葉
今さら未練はなかりけり／　ルンルン気分で去って行く
　ああ　げに恐ろしき女房殿

『女房の殺し方教えます。』
映画のタイトル、誤解のなきように
ホラ吹き昆布館　館主

（一九九八年）

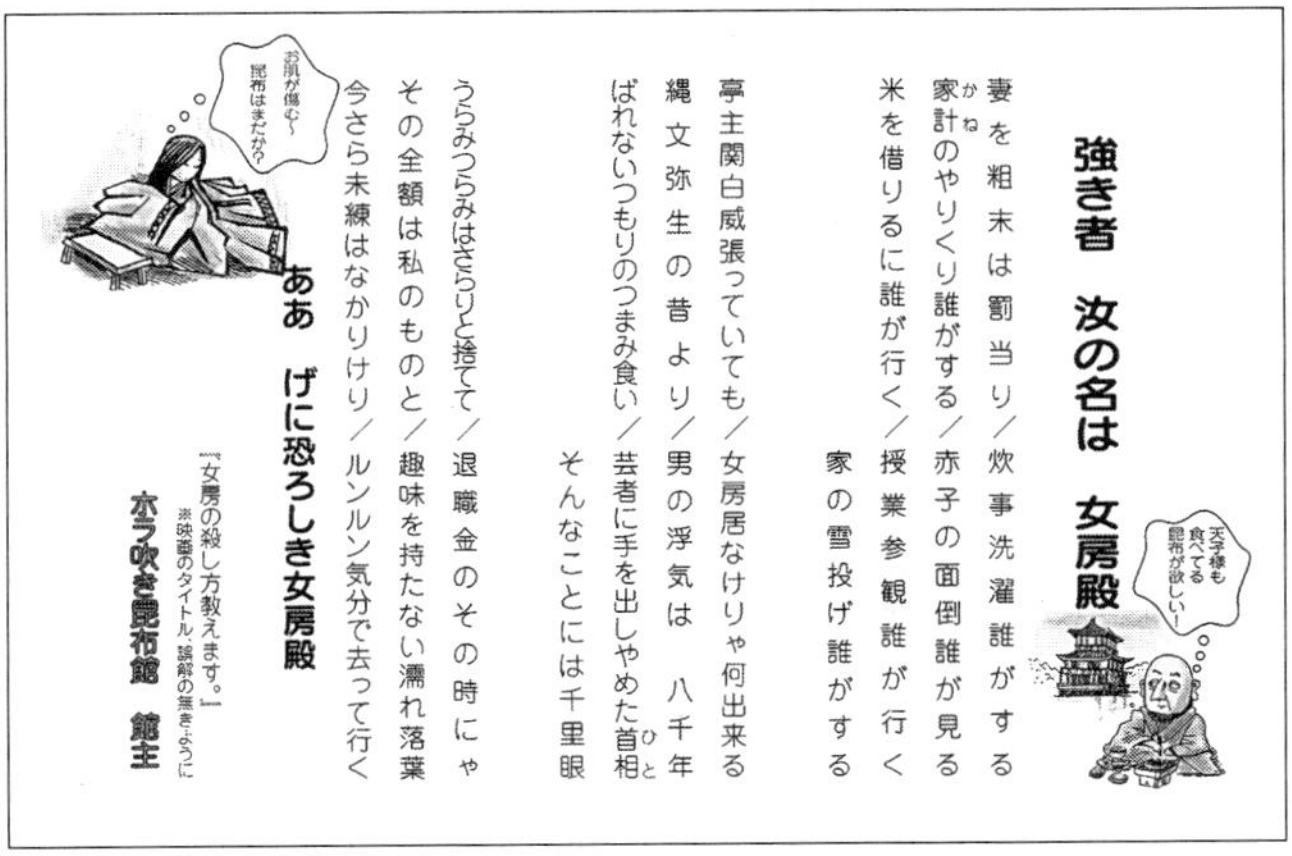

『拝啓　天皇陛下様』

税務署入るズカズカと／　葵《あおい》の印籠《いんろう》高々に
そなたの都合聞く耳持たぬ／　すべてを見せよ即刻《そっこく》に
表で小用足ことも／　野原で山菜摘《つ》むことも
これみな法を犯《おか》すこと／　国の基本は納税で
おのれの責務はとることぞ／　処分の正義我に在《あ》り
もしか・もしたら・あの仕分け／　ただただおろおろするばかり

北の拓殖《たくしょく》国家の庇護《ひご》で／　大蔵よりの頭取殿は
零細企業が潰《つぶ》れるよりも／　地上げに・女に・暴力団
昔の親は言ったもの／　可愛い子には旅させよ
我が家の女房の言うことにゃ／　寝ずに働き喰《く》えないよりも
倒産・遅配の無い制度／　休暇・年金・退職金
庶民の出来ない天下り／　絶対我が子は退《や》めさせぬ

妻「お父さん!!子供に苦労させるのが親ですか」
夫　　小声でブツブツ……今に日本はつぶれる!!

（一九九九年）

（注）息子は国家公務員であった。

『拝啓　天皇陛下様』

税務署入るズカズカと／葵《あおい》の印篭《いんろう》高々に
そなたの都合聞く耳もたぬ／すべてを見せよ即刻《そっこく》に
表で小用足すことも／野原で山菜摘《つ》むことも
これみな法を犯《おか》すこと／国の基本は納税で
おのれの責務はとることぞ／処分の正義我に在《あ》り
もしか・もしたら・あの仕分け／ただただおろおろするばかり

北の拓殖《たくしょく》国家の庇護《ひご》で／大蔵よりの頭取殿は
零細企業が潰《つぶ》れるよりも／地上げに・女に・暴力団
昔の親は言ったもの／可愛い子には旅させよ
我が家の女房の言うことにゃ／寝ずに働き喰《く》えないよりも
倒産・遅配の無い制度／休暇・年金・退職金
庶民の出来ない天下り／絶対我が子は退《や》めさせぬ

妻　『お父さん!!子供に苦労させるのが親ですか』
夫　　小声でブツブツ……今に日本はつぶれる!!

七日食べたら鏡をごらん!!

『日本《きみ》　亡びたもうことなかれ』

茶髪に上げ底・ジベタリアン／　道庁不正に臨海騒ぎ
腎臓《じんぞう》売れよと高利貸／　それに金貸す銀行屋
リストラ不況は下界の話し／　ポスト・ノックで椅子取りゲーム
リケンリケンと鳴く議員《とりの》）／　ついばむ音もキンキン《金》キン

明治の建国洋々と／　旭日《きょくじつ》高く輝けば
平和の鐘も高らかに／　希望は燃える大八州《おおやしま》
大正ロマンに花が咲き／　軍部の暴走敗戦で
又もや追いつき追い越せと／　中流意識で使い捨て

理念を示せ首相どの／　背筋を伸ばせ家長殿
神国日本不死身でござる／　宗教だけには寛容で
害を与えぬ昆布教／　七日食べたら鏡をごらん
日本中が美人であふれ／　内のカミさんどれだろう
おかあさん！　お願いだから化粧して！

（二〇〇〇年）

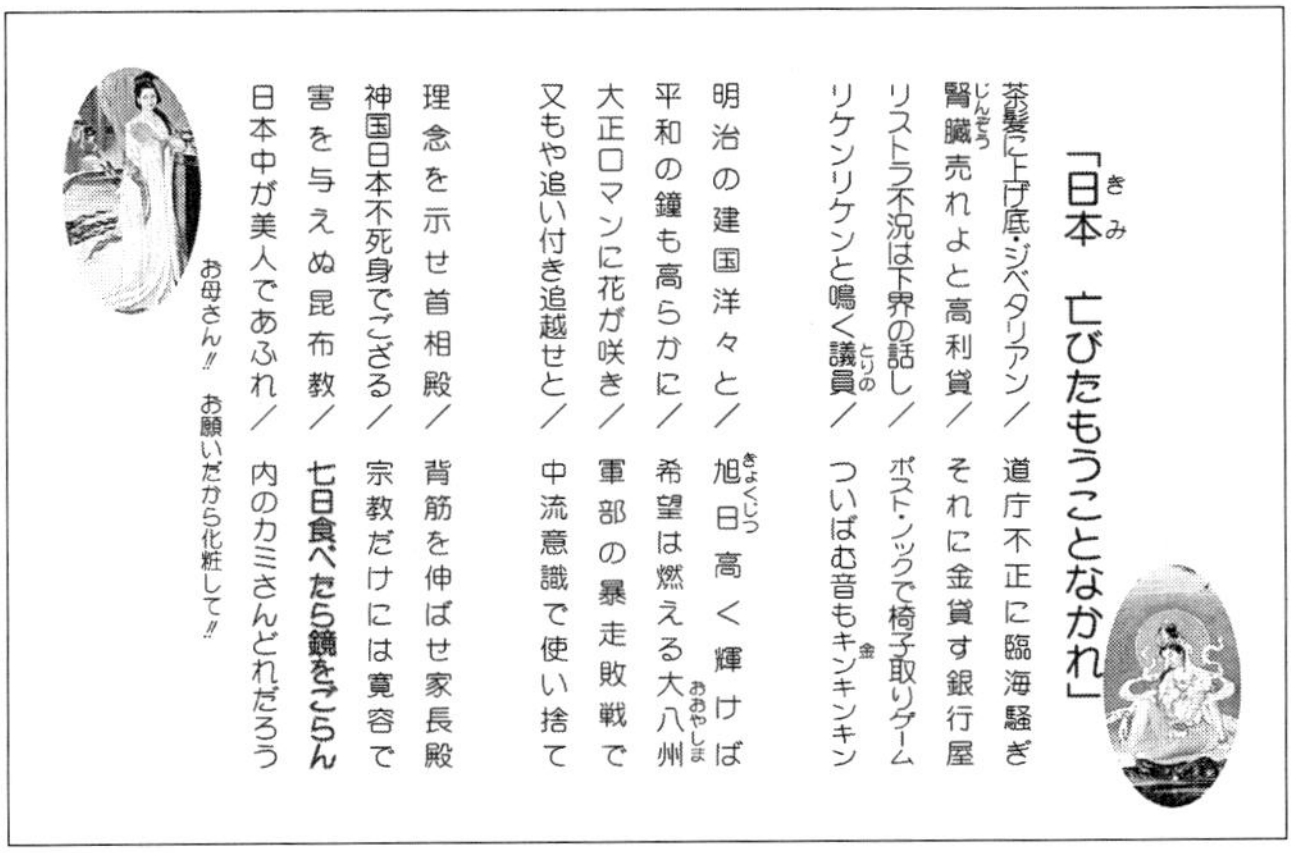

「日本《きみ》　亡びたもうことなかれ」

茶髪に上げ底・ジベタリアン／　道庁不正に臨海騒ぎ
腎臓《じんぞう》売れよと高利貸／　それに金貸す銀行屋
リストラ不況は下界の話し／　ポスト・ノックで椅子取りゲーム
リケンリケンと鳴く議員《とりの》／　ついばむ音もキンキン《金》キン

明治の建国洋々と／　旭日《きょくじつ》高く輝けば
平和の鐘も高らかに／　希望は燃える大八州《おおやしま》
大正ロマンに花が咲き／　軍部の暴走敗戦で
又もや追い付き追越せと／　中流意識で使い捨て

理念を示せ首相殿／　背筋を伸ばせ家長殿
神国日本不死身でござる／　宗教だけには寛容で
害を与えぬ昆布教／　**七日食べたら鏡をごらん**
日本中が美人であふれ／　内のカミさんどれだろう
お母さん!!　お願いだから化粧して!!

『今かなしきもの』

一国の首相をけなす国民と／　テレビに新聞・文化人
安易にリストラ経営者／　男を捨てた粗大ゴミ
口紅黒く　爪黒く／　十六服きる六十女
土人化粧の女子高生／　厚底靴を造る奴
　　国の将来　どうなるの

五十路の男は曲がり角／　ホラと小指で首になり
始めた昆布屋少し売れ／　その気になった田舎者
ホラが現実《うつつ》か現実《うつつ》がホラか／　大正ロマンにこり出して
「分」を忘れた　建物狂い／　言わずと知れたその先は
日銀地下の金塊《インゴット》／　ツルハシ・モッコで眼がさめた
　　俺の将来　どうなるの

妻……お父さん　後生だからもう死んで!!
夫……一億円（保険料）だば　間に合わねえべヤ～

（二〇〇一年）

今かなしきもの

（海帯の大臣《ハイダイのオトド》）

一国の首相をけなす国民と／　テレビに新聞・文化人
安易にリストラ経営者／　男を捨てた粗大ゴミ
口紅黒く　爪黒く／　十六服きる六十女
土人化粧の女子高生／　厚底靴を造る奴
　　国の将来　どうなるの

五十路の男は曲り角／　ホラと小指で首になり
始めた昆布屋少し売れ／　その気になった田舎者
ホラが現実《うつつ》か現実《うつつ》がホラか／　大正ロマンにこり出して
「分」を忘れた　建物狂い／　言わずと知れたその先は
日銀地下の金塊《インゴット》／　ツルハシ・モッコで眼がさめた
　　俺の将来　どうなるの

妻…お父さん　後生だからもう死んで!!
夫…一億円（保険料）だば　間に合わねえべヤ～

言葉のテンポが実に小気味よい。名調子の韻律で言葉が駆けめぐっている。これを読んで失笑しない人はいないだろう。当たり前の能書きなら誰も目を向けない、笑いを仕掛けることこそ知恵を必要とするのだ。いかに読ませるかの仕掛けに腐心した、簑谷流の諧謔《かいぎゃく》なのである。

この戦略的なホラ吹き年賀状が、じつは大変効果的であった。開店三年目くらいから、「また来たよ！」、「今度は大勢連れてきた」と言ってリピーター客が増えはじめたのだ。簑谷は、「特定の人にしかこの年賀状を出していなかった」と言うが、「楽しみにしています」とおだてられたとも話す。「客を逃さない方法」として一万枚以上も出していた時期があったというから、その努力たるや脱帽ものである。

社員と情報を共有

毎日、朝の八時からパート社員も含めた全員で三〇分ほどミーティングをやっている。その場で開発商品の情報を提供し、各店の店長からお客とのやり取りや、こんなありがたい客がいたとか、些細な失敗談なども話される。もちろん簑谷も、あらゆる状況においても客と向き合うという原点を、マニュアルに置き換えて短く話している。

「みんなが、同じマニアル手法で客に向き合って、商品である〝昆布〟をいかに買ってもらうかという努力をしているため、それぞれの事例を耳にすることによって自分の立場に置き換えて考えることができ、方向性を確認することができるのです」

社長である簔谷は、毎日各店をのぞいては冗談を言って帰ってくる。うろついているだけのようで、客入りの状態や客への声のかけ方など、マニュアルをどう自分なりに理解して自らのもち味を加えてやっているのかなど、簔谷なりにちゃんと確認している。

「売れる人と、売れない人の差がはっきりと出ますね。売れない人は、涙ぐましいまでの努力をしてますよ。夏場は社員教育をやっている時間などはないですから、本人がいかに売るか、

本店内部の天井には、利尻昆布がずらりと展示されている

研究心を抱き続けることができるかで評価されることになりますね」

毎朝のミーティングの場で、社員も店長も社長も情報を共有することで、同じ位置で商う姿勢を確認している。まさに、一体感を生み出すためのコミュニケーションを図っているのだ。

クレームは宝である

簑谷はミーティングの場で正直に話す。

「いい話があるときは、みんなもそれを真似るようにしています。もちろん、失敗も全部報告させています。隠し事はいっさいしません。失敗談こそ、うちの宝なんですから」

簑谷は、「クレームは宝である」とも言い切る。

「私は半導体の部署にもおりましたが、その製品に対するクレームは、どこに問題があるのかを考え直す絶好の機会を与えてくれたのです。すんなり売れていたのでは、その製品の進歩がない。クレームが付くことで製品開発につながっていくから、ありがたいことなのです。ですから、クレームとは宝なのだ、ということを教えられましたね」

簑谷は、販売した商品にクレームがついた場合の「詫び状」の書き方や、一時間か二時間で行ける距離に客がいる場合はすぐに足を運ぶことなど、丁寧かつ迅速に行うクレーム対応で礼を失することなく、誠意をもって対応することをマニュアル化している。

昆布製品のどこに落ち度があったのか、品質が低下していたのか……それなら品質管理に問題があることになる。商品のどこが不備なのかを知ることで、改善につなげることができるという逆転の発想である。

社員は年棒制

簑谷の経営方針のなかで異色とも言えるのが、男性女性とも「総合職」(役付き・幹部候補生)での待遇である。勤務時間の拘束は午前八時から午後七時までと長いが、売り上げ成績を全面には問わない。なぜなら、「商品が売れるか売れないかは、基本的に経営者の責任である」とする考え方をもっているからだ。

簑谷は直裁にものを言う。

「当社は、いつ倒産するか分からない。零細企業の宿命であるが、そのときに退職金はこれぐらいだから、年棒はこれぐらいだという方式より、倒産した場合、会社で退職金を出せるか出せないか分からないため、その分を勘案して年棒制にすることにしたのです」

これらの待遇で、社員は伸び伸びと働いている。大半の社員が転職組で、会社務めの枠も辛いも見極めている人たちゆえ、現在は定年まで勤め上げる社員ばかりだという。

「これだけ面白い人生はないよ、と言ってくれた社員もおり、定年まで勤める人はいても、途中で退職する人はほとんどいません」

簑谷の経営方針に信頼を寄せる社員たち。経営者と社員が一体となって頑張っている姿勢が、実に微笑ましい。社員も簑谷方式の昆布商いに納得ずみで、楽しみながら伸び伸びと接客に務めている。

客が空くと、「寅さん」の物まねで場を和やかにする女性スタッフ

第4章

昆布食文化を高めるために

パフォーマンスを込めて、本店前の歩道で昆布干し

「出汁《だし》」一辺倒の昆布から食べる昆布へ特化

昆布屋をはじめて間もなく、簑谷のもとにたくさんの礼状が送られてきた。

「うちで食べる昆布をお買い求めになった若いお嬢さんやお母さん、あるいは便秘や吹き出物で悩んでいた女性から礼状がたくさん届くようになったのです」

昆布のもつ栄養効果で、それまで便秘や吹き出物で悩んでいた女性が昆布を食べたことで改善したという礼状を目にした簑谷は、「昆布は食べなきゃ嘘だ」と思ったという。

これまで、最上昆布とランク付けされていたのは出汁《だし》のよく出るものである。京料理の出汁に欠かせない利尻昆布や日高昆布（三石昆布）、長昆布など、プロの料理人は一番出汁から三番出汁までとるような使い方をしている。しかし、簑谷は言う。

「お客さんが家庭用に価格の非常に高い『出汁昆布』を買おうとしていたら、ためらわず『お辞めなさい』と言います。見映えはよくなくても、通常品をおすすめしています」

店では、昆布に「極上品」「特選品」といった格付けをするような言葉は使われていない。プロの料理人は必要があって使うものであり、「何に使うか、誰が使うか」で必要なレベルが決まってくると言い切る。値段の高額な昆布は売る側としては嬉しいはずだが、それでは長続きしない。

「家庭料理で使う昆布は、通常品で十分昆布の要素を摂取できるため、継続して使える普及品で十分なのだ」と、簔谷は正直に説く。

そのせいだろうか、手軽に食べられる昆布を積極的にすすめている。和食における漬物のように、いつも身近に置いて食べ、しかも長く食べ続けることで昆布の栄養素をじっくりと摂取していく。商品開発を心掛ける機軸をここに置いている。

昆布の栄養素については第5章で詳しく紹介するが、その商品として、「パリパリくろべえ」（パリパリおつまみ）や「赤と黒のブルース」（くるみ、黒大豆、昆布）という昆布チップのおつまみ類がある。昆布の美しさを損なわず、余計な添加物を使わない本物の素材だけをブレンドしたつまみ菓子となっている。家庭で昆布を食べたことのない子どもや女性にも、楽しみながら食べてもらえる昆布商品を徹底して開発してきた。

棚いっぱいに並ぶ昆布商品

「いかに継続して食べていただくかを考えました。その結果として、昆布の栄養素を持続してとれることになりますから」

簑谷の、食べる昆布の裾野はかなり広そうだ。

サンプルで宣伝効果を狙う

言うまでもなく、小樽は観光地である。その観光客相手に、簑谷はいっさいの値引き販売はしていない。もちろん特売もなく、あくまでも定価販売に徹している。

「その代わり、お客様への恩返しとして無料サンプルや試食用にかなりお金を使っています。冷やかしで来られたお客様にも、『ホラ吹き昆布茶』や『アラジンの秘密』を飲んでいただいています」

試食・試飲コーナーにある「ホラ吹き昆布茶」(普通味と梅味あり)、お椀に一枚の昆布を入れてお湯を注ぐだけの昆布茶である。次に「アラジンの秘密」。こちらは、味噌汁に「加護女昆布」(商品名であるが和名ではガゴメコンブ)の粉末を溶いたものを入れる。ともにお茶と味噌汁というじっくりと腰を落ち着けて召し上がるものであるため、接する従業員との会話も多くなり、店で寛いでもらう時間も長くなってしまう。

先にも述べたように、あちこちを見学して買い物をし、歩き疲れたがちょっと休むという場所が堺町通りにはない。喫茶店はあるが、無料でお茶を提供する店はない。そんな折に顔を出した店で、身体によい昆布茶と「アラジンの秘密」の味噌汁をサービスで飲むことができる。籔谷流の心配りと気遣いである。

観光地の試食や試飲は買ってもらうための誘引行為が強いため、試食しただけで帰る客に対して嫌な顔をする店員もいるが、籔谷は昆布茶や味噌汁を試食しただけで帰る客がいても決して嫌な顔はしない。籔谷のサンプル戦略は、懐が深いのだ。先述したように、これまで、広告や宣伝媒体とはいっさいかかわらないという方針をとっている。その理由は「広告投資の効果が見えないから」だが、そのため、来店した客には必ず試食・試飲を無料で提供している。

「ありがたいことに、お店に来ていただいたお客様が新しいお客様を連れてきてくださいます。お母さんが旅行で来たあと、子どもさんが修学旅行で立ち寄ってくれたり、自分のホームページで紹介してくれたりと、お客様が私の知らないところで宣伝してくれていますから、本当にありがたいことです」

年間を通じて、商品仕入れの数パーセント分が試食やサンプルに回されている。額にして数百万円にも上るが、籔谷にとっては目に見える効果的な宣伝費なのである。

店内に貸しホールを

「不老館」の店舗内、昆布売り場の背後に二三坪ほどの多目的ホールが設備されている。この場所で、市内の主婦やサークルなどによるパッチワーク教室やガラス絵教室、さらに絵画や書道展が開かれている。

「小樽商業高校の生徒が、この場所で課外授業として箏曲を奏でながらお茶のサービスを二回ほどやったのですが、観光客に好評でしたよ」

簑谷は、このホールを無料で開放している。訪れる人の大多数が観光客なので、店の奥で展示会やカルチャー教室を開けば、地元の文化を紹介することもできる。

「堺町の文化を高めようというのが狙いです」

簑谷はこともなげに話す。ただでさえ観光土産店がひしめく堺町通り、軒を連ねる狭い店舗もあり、商売が中心の店舗群にあって二三坪ものスペースを無料で開放していることは、同業者からすればとても考えられない垂涎《すいぜん》のスペースとなる。それを簑谷は平然とやってしまう。

目的は「人集め」である。商売をする前に、まずは人を集めることに腐心してきた簑谷にとって、じつに「やせ我慢的なサービス」であるが、人が集まればそこにコミュニケーションが生まれてくる。モノを売るのではなく、コミュニケーションを活発にとれる場をつくることこそ商いの第一歩なのだと、自ら鉄則にしてきた方針を貫いているだけに二三坪ものスペースを惜しげもなく開放しているのだ。それゆえ、どの店舗も売り場面積より休憩場所のスペースを広くしている。簑谷にとって、これらは戦略の一環である。

人がたくさん集まるホールを店のど真ん中に置いた。ホールに集まる人の目には、否が応でも昆布商品が目に入る。「七日食べたら鏡をごらん」のキャッチコピーや派手な昆布の歴史を描いたポスターが目に入ってくる。

仕切りを取り払い、隣接するのが和菓子の老舗「花月堂」堺町店。こちらは店舗を貸しているが、一体感のある売り場はとてもバラエティーに富み、花月堂店舗内にある飲食コーナーからも昆布商品や貸しホールの様子がのぞくことができるようになっており、客の視界も広がる。

この建物は奥行きが八〇メートル、四五〇坪もあり、縦に

「出世前広場」に設けられた無料開放の
イベントホール

長い構造になっている。貸しホールの奥には昔の生活道具が展示されており、これらが一体となって、散策にも効果的な空間を構成している。

「本店の注文販売額は別にして、この不老館が四店舗のなかでは一番売り上げが大きいんです」

二〇〇六（平成一八）年度の売り上げは八一〇〇万円、前年比一二〇パーセントアップで、総売り上げの四〇パーセント近くを占めている。

「不老館」の敷地面積は四〇坪ほどでしかない。そのうちわずか二〇坪ほどでこの売り上げを出し、それ以外は売り上げに直接関係していない貸しホールや生活雑貨館というから恐れ入る。銀行マンが見たら目くじらを立てそうな「無駄」なスペースだが、ここが簑谷の懐の深さである。金を生み出さない「無駄」なスペースを設けての商い、対面販売の哲学がこの不老館でも見事に発揮されている。

「じつは、不老館の女性店長が昆布売りの名人なのです」と言う簑谷の表情には自信が満ちあふれていた。そして、「場」の提供にこそ昆布商いの秘訣があるという持論に対する強い信念がうかがえた。

不老館

「お父さん預かります」

ＪＲ小樽築港駅に続くように、ホテルヒルトンとウィングベイ（旧マイカル）がある。そのウィングベイに出店した折、簑谷は夫婦で買い物にやって来るお父さんの手助けに出た。

マイカル店（現ウィングベイ）の七十六坪のうち、売り場面積は十五坪。残りはお金の生まない空間です。画廊と、昭和初期の屋内を再現、骨董品を並べ、一寸、豪華な応接セットを置いた「お父さん預かります」。ゆっくり懐かしさにひたっていただける無料施設としました。

—せっかくの休日なのに連れ出され歩き疲れたお父さんに同情—

小冊子「脱サラのススメ」より

「お父さん預かります」、人をくったようなこの言葉、それが画廊兼用の休憩所である。多くの場合、一生懸命買い物を続ける奥さんの傍らで、お父さんは手持ち無沙汰にしているだけなのだ。とくに、買い物に集中しだすと「お父さん」の存在などは忘れたかのようになってしまう。そこで考えたのが、「疲れた」お父さんを預かりましょうというアイデアである。

画廊のため、場合によっては気に入った絵を買ってもらえるかもしれないし、暇つぶしに昆布商品を見て、衝動買いをしてもらえるかもしれない。あるいは、帰ってきたお母さんがお父さんを預かってもらったお礼に昆布商品の一つも義理買いしてくれるだろうと考えた。つまり、そのお父さんの「人質作戦」という狙いもあった。

しかし、簔谷の思惑は外れた。

「本音はお父さんを人質にしたら売り上げが伸びる……はずでしたが、世のお母さんたちのほうが一枚も二枚も上手でした。さほど売り上げには結び付きませんでした」と笑いながら、作戦負けを素直に白状した。

ウィングベイ店の「お父さん預かります」のコーナー。
奥にある歴史コーナーがすごい！

講演のときなどで、失敗談を惜しげもなく披露するのも簑谷の哲学である。仕事には失敗は付きもの、その失敗を成功への教訓とするため、「クレームは宝」とも言い切っている。

初心貫徹、「お父さん預かります」は現在も続行中である。かつてのマイカル店が「ウィングベイ店」と店名が変わったことにともない場所も移って面積も縮小されたが、年間四〇〇〇万円台をコンスタントに売り上げている。

このウィングベイ店にかぎらず、どの店にも客がゆっくり試食できるお休み処が設けられている。昆布のよさを知ってもらうためには、少々の時間をかけて説明し、商品の味見をしてもらうことが大切である。その試食場所と休憩場所の確保し、休んでいる間に先史

ウイングベイ店の外観

時代からはじまる昆布の歴史を知ってもらおうと本店には、第2章で紹介したように「ホラ吹き昆布館」を設置している。

企業をめざすより家業として

「企業として商うと投資も行きすぎ、客の心より利益優先の姿勢になってしまい、拡大路線に走ることになる。小さな仕事から大企業になるには無理があります。店舗も二、三に絞り、着実に継続できる商いを行うために、やはり身の丈にあった規模での『家業』に戻したいのです。家業で一〇〇年も続けられるというのがいいんですよ。お客さんにも、安心して受け止めてもらえますからね」

これも簑谷の持論である。老舗として継続してやっていける規模は家業のレベルである。親子、兄弟でやれるから家業は素晴らしいのだ。時代のブームに乗って華々しく儲けることもない反面、苦しい時代はじっと我慢していく。そして、「暖簾《のれん》分け」のできる商いがいいという。また、分社化は可能と言うが、チェーン店化はやりたくないとも言う。

「たかが昆布屋ですから、昆布屋は昆布屋の身の丈というものがあります。一次二次加工品での販売ではたかが知れています。継続して買ってくれる客をいかに多く集められるか。売るよりも客を集めることが重要なのです」

これまでの企業「利尻屋みのや」としての拡大路線を振り返って簑谷は、攻められる時代は右肩上がりで行けたが、景気が傾きはじめると客足は極端に落ちてくると言う。投資効果が期待された時期から停滞期に入ったと見た簑谷の羅針盤は、今「昆布屋の身の丈」に軸足を置き換えようとしている。

その基盤づくりの一つとして、自前工場の設備化を進めた。初期投資として工場を造り、加工する機械を導入して自社で製品化するのである。原料となる昆布を仕入れるとき、簑谷は生産者の元に足を運び、乾燥や製品規格にまで細かな注文を出し、品質の高い原料を要求している。その原料を使って、ローコストで自社製品化する。せっかくパッケージデザインや昆布加工品開発を進めても、加工をほかの会社に頼んだのでは、納得した製品化やコストコントロールができない。

「何よりも、自分で納得するまでの商品を自前でつくることが家業としての原点でしょう。家業としての販売規模を考えるなら、自信をもっておすすめできるレベルの商品を自前でつくることが当たり前です」

簑谷は、企業が汗して働く従業員のものとして考えるならば、企業規模にふさわしい生産・販売を保つことが重要だと言う。つまり、身の丈にあった経営を続けるということは、可能なかぎり自前の生産システムを構築して販売まで一貫して行うということである。

「二、三店舗で固定客を増やしていく。そのためには、堅実な規模で十分なのです。あるいは、リスク分散のため、一大消費地である東京で出店ができたらいいですね」

毎日入る注文の大半が関東圏からである。そのため、東京にアンテナショップを出すことで、さらなる顧客拡大を目指せるという計算が働いている。

「小回りの利く家業の身の丈において、堅実な昆布商売を長く続けられる土壌を固めるのが私の最後の役目でしょう」

家業としての立場へ、簑谷は舵を切ろうとしている。

第5章

楽しくなければ人生じゃない

ウイングベイ（マイカル小樽）で開かれた「第1回世界職人展」でのおぼろ昆布削りのデモンストレーション

北海道に分布する昆布の種類

これまで「昆布」と一言で総称してきたが、ご存じのとおり昆布にはさまざまな種類がある。ここで改めて、その分布や種類について『図解　北日本の魚と海藻』（北日本海洋センター）を参照しながら説明しておくことにする。少し長くなるが、北海道が「昆布王国」であることを分かっていただけると思うので一読いただきたい。

マコンブ――まず、北海道の代表的な昆布として分類されるのが、コンブ科の「マコンブ」である。東北地方と北海道の南部に分布すると言われ、主産地としては函館市、旧南茅部町近辺となっている。長さ二～六メートル、巾約三〇センチ、熱さ三ミリほどで、切り口の色合いから「白口浜」とも呼ばれ、高級昆布である。南かやべ漁業協同組合では、「白口浜真昆布」として商品化される天然ものがある。古くは「白口浜元揃え昆布」とも呼ばれてきた。

マコンブは、松前藩時代から朝廷や将軍家に奉納されていたところから「献上昆布」とも呼ばれている。太平洋沿岸の旧椴法華村から、津軽海峡に面した下海岸旧戸井町西部にかけては、同じマコンブでも切り口が黒いところから「黒口浜」と通称され、この旧戸井町西部から函館にかけては「本場折」と呼ばれている。

北海道産昆布についてもっとも古い記録とされる『庭訓往来』に「宇賀昆布」という記事が見られるが、この「宇賀」とは現在の函館市銭亀沢ウンカ川の地域を指すと言われており、船で積み出される港が「宇賀浦」（現在の函館港）と呼ばれるところから「宇賀昆布」とも通称されてきたという。

一方、「山出し」とも呼ばれるマコンブがある。旧南茅部町方面で採取された「白口元揃え昆布」を荷馬車で亀田半島の山岳地帯を運んできたところから「山出し」と通称されており、同じく高級昆布として取り扱われている。

リシリコンブ――リシリコンブ（利尻昆

昆布は北海道の特産品

北海道は日本の食糧基地と言われており、海産物、野菜、牛乳など新鮮で安全な食物がたくさん採れます。特に、日本料理には欠かすことのできない昆布の90%以上は北海道で採取されたものです。春から秋にかけて、北海道の海岸では昆布を干している光景をたくさん見ることができます。

布）は、その名のとおり利尻島や礼文島を主産地とし、石狩湾から稚内を経てオホーツ海の知床半島まで分布している。品質がよく、濁りのない透明な出汁《だし》がとれるところから、関西とりわけ京都で珍重され、京料理の出汁として使われている。名物の湯豆腐や千枚漬けにも使われるほか、おぼろ、とろろ、昆布茶にも加工されているほか、出汁をとったあとは佃煮や煮物に使われる高級昆布である。

ホソメコンブ――ホソメコンブは、岩手県以北の東北太平洋岸と北海道松前から石狩に至る西海岸に分布している。群落を形成し長さ一～二メートル、巾六～一〇センチと細く、マコンブやリシリコンブと比べると品質的には劣るため、主に出汁用やとろろ、おぼろ昆布に用いられている。栄養分の要素がバランスよく含まれているため、隠れた優れものとなっている。

ミツイシコンブ――「三石昆布」、「日高昆布」の名前で浸透し、太平洋沿岸、とりわけ日高地方沿岸を主産地として路近辺まで分布している。長さ二～六メートル、巾六～一〇センチ、濃くがあり、煮上がりが早いため、出汁はもとより佃煮や煮物、昆布巻など大衆的な昆布料理用として重宝されている。

ナガコンブ――「長昆布」や「棹前《さおまえ》昆布」とも呼ばれ、十勝地方から根室に至る北海道東部と千島に分布している。長さが二〇メートル以上のものもあり、コンブ属のなかではとくに生産量が高いと言われている。「棹前昆布」は、早煮えするため野菜昆布として家庭料理向きであり、おでんや昆布巻、佃煮、塩昆布などの加工用としても幅広く使われている。

ガッガラコンブ――『食べてわかった昆布パワー』(舘脇正和・星澤幸子、北日本海洋センター)によると「厚葉昆布」とも呼ばれ、ナガコンブとほぼ同じ分布であり、島や岩陰といった荒波の当たらない深みに生息するという。出汁向きではなく、加工に多用されるという。

ネコアシコンブ――こちらもナガコンブやガッカラコンブと同域に分布しており、茎の部分が猫足のようになっているところから付いたネーミングのようである。甘み成分に富み、とろろ、おぼろ昆布の加工されている。

オニコンブ――北海道の東部と南千島にかぎられて生息し、厚岸から根室を経て知床半島の羅臼《らうす》町の沿岸に分布している。長さ二〜三メートル、巾二〇〜三〇センチほどだが、品質が優れており主産地の地名から「羅臼昆布」と呼ばれ、厚岸や霧多布地方産のものは「鬼昆布」の名前がついている。とくに味が濃くて香りのよい出汁がとれるところから、「真昆布」とともに高級昆布として取り扱われている。

加工品や出汁用昆布として代表的なものは以上の八品種であるが、再評価されて加工需要が伸びているのがガゴメコンブである。

ガゴメコンブ——北海道の室蘭から函館の下海岸、汐首岬に至る海岸線と、青森県下北半島に分布すると言われ、長さ一～四メートル、巾二〇～三〇センチほどで、葉に大きな龍紋のあるのが特徴となっている。

栄養成分が高く、血圧を下げる効果のあるアルギン酸、抗ガン、抗アレルギー作用があると言われる高品質のU―フコイダンが褐藻類のなかでも多く含まれ、美容効果が高いとされるところから、簑谷はいち早く「加護女昆布魔法の粉」として粉末にし、『アラジンの秘密』と名付けて商品化した。ぬるぬるの粘り成分＝粘性多糖類が、そのU―フコイダンである。

また、本来二年生の昆布を天然昆布として採取していたが、密生する昆布を発芽三～四か月で間引きしたものを「棹前昆布《さおまえこんぶ》」や「早煮昆布《はやにこんぶ》」と呼んでいる。身入りは薄いが煮て柔らかく食べられるところから、簑谷にとっては昆布商いのきっかけとなり、看板商品に据えている「湯どうふ昆布」となっている（左図を参照）。

近年、昆布養殖技術も発達し、マコンブの養殖も行われるとともに、一年で促成させる「促成昆布」も生産量を上げて商品流通されている。さらに多くの昆布が簑谷の店を通して消費者に提供されていくことだろう。その昆布に含まれている栄養価について、以下で説明していこう。

湯豆腐昆布の製造過程

①

北海道寒風３月の海

- 発芽３～４ヶ月の若くやわらかな昆布
- やわらかさと歯ざわり・色・形・肉厚等規格に適合するもののみ水揚

②

一次干場　水切り

- きれいに敷きつめられた小石の干場にて傷を付けない様に、竿に掛けて水切りを行う

③

二次干場

- 水切りの終わったものを３分乾き迄干す中、重なり乾燥しない様に１本々、手で丸めながら干す作業

④

三次干場　吊し干し

- 屋根付き干場にて太陽に当てず冷たい浜風で
- 幅広昆布を広げては丸め、内部外部の乾燥差を無くし、薄茶・濃緑色に干し上げる

⑤

マンニット保護膜作り

- 冷たい浜風に当て時間をかけて、徐々に干し上げる間、手で１本々くっつき防止の「手なで工程」を行うことで、昆布体内の海塩とうまみ成分＝マンニットが表面に浮き出て、保護膜となり、美味しさが醸成されて行く

⑥

- 30cm に切断されたものを１等～４等検に分別の手入区分を行い、１等検のみが弊社に納入される
- 選ばれた漁師の手で厳密に選別されたものは、箱毎等級に分けられ、漁業協同組合の検査委員に全数、箱の底まで厳しく受け入れ検査が行われる

⑦

- ビニール袋、段ボール箱にゆるやかに詰められ、冷暗倉庫でさらにねかし醸成が行われる

昆布はなぜ美容と健康によいのか

一九九六年六月一八日付の「北海道新聞」に、「コンブを食べてがんを防ごう」という見出しのもと、「細胞消滅させる糖発見」という画期的な記事が掲載された。

宝酒造と糖鎖工学研究所（本社・青森県弘前市）は十七日、コンブやワカメなどの成分の一つである多糖類の「U―フコイダン」に、がん細胞を消滅させる作用があることを発見したと発表した。

両社は、コンブやワカメの褐藻（かっそう）類を食べる地域で、がんによる死亡率が低いことに注目して研究。褐藻類から「U―フコイダン」の抽出に成功、試験管で白血病など活発に増殖しているがん細胞を投与したところ、がん細胞が消滅していく現象が確認できたという。正常な細胞は影響をうけなかったという。（後略）

この豊富な水溶性食物繊維（粘質性多糖類）の一つ「U―フコイダン」に、がんを自滅させる働きがあると確認された報道である。以前から、「U―フコイダン」にはコレステロールや血圧、血糖値を低下させる作用のあることが解明されていたが、がんにも効果があるという朗報であった。また、水溶性食物繊維の一種で、コンブの滑りぬめりのもととなるアルギン酸も、がん予防やコレステロール、血圧、血糖値を低下させる働きがあるという。

とにかく、昆布の栄養成分は目を見張るほど豊富なのだ。しかも、昆布のエネルギーはとても低いため、カロリー摂取を気にしている人にとっても安心な食品と言える。カルシウムは歯や骨の形成に欠かせない栄養要素であり、大切なミネラルだが、その含有量は牛乳の六倍以上も含まれている。食物繊維もたっぷりだし、ヨウ素（ヨード）の含有量は食品中トップレベルの位置を占めている。

このヨウ素、甲状腺ホルモンのチロキシンとトリヨードチロニンをつくる材料となり、交感神経を刺激し、たんぱく質や糖質の代謝を促進させる働きがあるため、身体や知能の発育をも促進すると言われている。

また、昆布の旨み成分となるアミノ酸の一種であるグルタミン酸は、脳の機能を活性化させてボケや痴呆の予防に効果があると言われているほか、カルシウムやビタミン類など身体に効果的な栄養素がバランスよく含まれるというから、人間の身体にとっては「至れり尽くせり」の栄養豊な食物となる。

キャッチコピー「七日食べたら鏡をごらん」に乗せられて店に入ってきた年配客とのやり取り

で、「肌に潤いと艶をもたらす」と従業員は対応しているが、事実、ヨウ素に含まれる「ヨード」がホルモンに作用し、肌を美しくする働きがあると言われている。また、酵素やタンパク質をつくるミネラルとビタミンも豊富に含まれており、貧血の改善や顔色をよくする鉄分が多く含まれているため、ヨードとともに新陳代謝を高めて皮膚に潤いと艶を与え、皺を退治する効果があると言われている。つまり、昆布は美容食品としても評価が高く、「もう遅いしょ」とあきらめ顔の中年のご婦人にも朗報となる栄養素がたくさん含まれているのだ。

ちなみに、「U－フコイダン」の作用について「マリンケミカル研究所」(1)が発表したデータを見ると、その働きの広さに目を見張ってしまう。

- がん細胞を自滅させる作用（アポトーシス誘導作用）
- 血液をさらさらにする作用
- コレステロールを低下する作用
- 腸内細菌の栄養源となり、腸の働きをよくする整腸作用
- 胃潰瘍の原因菌であるピロリ菌を減らす抗腫瘍作用
- アレルギーの改善や免疫を強化する作用
- 抗高血圧作用

- 抗ウイルス作用
- 血糖値上昇抑制作用
- 便通促進作用

これほどの健康食品ではあるが、日常の食生活でどうやって摂取すればいいのだろうか。つまり、どのように料理をすればいいのかということである。乾燥してバリバリの昆布を水に戻して調理するといった一般的な方法が、日常生活のなかで長続きするとは思えない。天然出汁《だし》としてしか使わない昆布をどのように食べてもらうのか、あるいは昆布茶としてや、お茶やお酒のつまみとして継続的に食べもらうためにどうすればいいのか。

簑谷は「昆布屋」をはじめるに際して、まず簡単に食べられる昆布料理として廉価の「湯どうふ昆布」をメイン商品として提供した。湯豆腐なら、土鍋に昆布を入れて、豆腐などを入れて茹でるだけで食べられる。簡単に口にできる昆布製品の開発が、簑谷の「昆布商い」の根幹を成していた。

（1）　北海製罐、綜研化学、大林組が、生物系特定産業技術研究推進機構から出資を受けて設立した研究所。不要物として処分に困っていたホタテ貝のウロ（中腸腺）やヒトデの高度活用技術を確立し、高機能性食品基材などの開発を行っている。住所：〒041-0801 北海道函館市桔梗町379-28　電話：01-3834-2531

オリジナルな昆布健康食品

店頭に並ぶ商品群がじつに面白い。クスッと吹き出しそうなネーミングがいかにも簑谷流なのだが、初めて目にする客は思わず笑みがこぼれてしまう。すでに紹介したものもあるので繰り返しになるが、相当数のアイテムのなかからピックアップして紹介する。

・**湯どうふ昆布**（八八〇円）——看板商品。養殖栽培した真昆布を乾燥させたもの。そのため、簑谷も認めるように見た目では真昆布や利尻昆布の姿と比較して見劣りするが、早く煮えるという特性があるため、出汁《だし》をとりながら食べられるという利点が大好評となっている。

・**アラジンの秘密**（一〇五〇円）——まず、このネーミングで笑える。味噌汁にさっと振り掛けるだけで、粘りのある昆布の食感を味わうことができる。粉末昆布は胃にも優しく、喉越しも素晴らしくよい。

湯どうふ昆布

・**パリパリくろべぇ**（五二五円）――おつまみ昆布、袋に手を入れて口に放り込むと、真っ黒パリパリの昆布が小気味よく口の中で弾ける。

・**赤と黒のブルース**（大・一〇五〇円）――フランスの作家スタンダールの小説をぱくったネーミングに驚く。最初におつまみ昆布として製品化された逸品で、手軽に食べられ、サクッとした食感とその味で食べ出したら止まらない。酒の肴として、お茶の友として人気が高い。

・**とろろ昆布汁**（一〇五〇円）――お椀に入れてお湯を注ぐだけ。とろろ昆布を日常的に食べるためのアイテムである。

・**ホラ吹き昆布茶**（七三五円）――簑谷が苦心して編み出した昆布茶の革命的な逸品。お湯を注ぐだけで飲める点は他社の即席昆布茶と変わらないが、こちらは昆布片に仕掛けがされており、昆布エキスを飲んだあとに昆布までも食べられるという趣向となっている。「ホラ吹き」を冠しているが、簑谷流の諧謔《かいぎゃく》が表れた昆布茶の趣に思わず癒される。「普通味」と「梅味」がある。

「赤と黒」のパッケージと見本

・**おでんでんでん**（四五〇円）――「すいとんの術」：まずはさっと水洗い、塩を落とすのでござる。「火とんの術」：煮立ちさせ、ダシを取ったあと他の具材と一緒に食べるとよい。

・**サクッと、おいしい岩わかめ**（一〇五〇円）――おゆつに！　お酒のおつまみに！「昆布森」―海と山はちごとるようで同じなんじゃ、山の森の栄養は海に運ばれ、海の森の恵みになる。ほうじゃけん、うまいもんができる、すごいのう～・海の森山の森。

・**わらび昆布**（六〇〇円）――山菜のワラビを想起させる細い昆布で、結び昆布として煮物料理には重宝する商品。

・**根昆布**（一二〇〇円）――昆布のなかでも栄養成分がもっとも多い部位である「根」を特化した商品。昆布エキスがたっぷりと含まれた「昆布水」をつくるには、これが最適である。コップ水に一晩入れておいて、朝に飲む健康飲料。

・**利尻切昆布**（一一〇〇円）と切出し真こんぶ（一一〇〇円）――ともに、出汁《だし》や煮物に最適な高級昆布だが、使い勝手を考慮して短冊切りにしてあり、値頃感をもたせている。

ここに紹介したのは店で売られている商品のごく一部だが、これを見ただけでも、日常的にいかに昆布を食べるか、また食べ続けられるかということが分かるだろう。昆布のもつ豊富な栄養素を身体に取り込む近道として、簑谷は商品アイテムの開発を今も続けている。

「浦島太郎シリーズ」

商品開発を担っているのは簑谷の長男で、専務取締役を務めている和臣である。

「社長から、『新しい商品のネーミングを考えろ、面白くておかしいものでなければだめだぞ』と言われるため、傾向としてはどうしてもダジャレに走ってしまいます。しかし、ダジャレではなくクスッと笑えるネーミング、単に面白いものではなく、大人が笑えるひねりの入ったネーミングを要求されています。そのため、新商品はなかなか出ません。一年に、一、二品しかできませんね」

このように苦笑する和臣だが、簑谷流の諧謔《かいぎゃく》のきいたネーミングで、しかもしっかりとしたストーリーが展開する商品として「浦島太郎シリーズ」がある。和臣は、浦島太郎の物語を懐疑的に捉えていた。

浦島太郎シリーズの商品群

「浦島太郎の結末はどうも不可解なのです。カメを助けるといった良い行いをしたのに、最後は歳をとってしまう。良い行いをしたのに悪いことになってしまった。これでは、物語が教訓となっていない。そこが不思議なのです」

こんな疑問をぶつけて、「めかぶ入りわかめスープ」（六三〇円）という商品をつくった。

「乙姫さまが、玉手箱の奥にわかめスープを入れていたという設定です。このわかめスープを食べると若返ってしまうのです。とてもおいしいけれど、その代償として若返ってしまう。だから、食べる前に歳をとっておく必要があるのです。だからこそ、カメを助けてくれたお礼に乙姫さまは、玉手箱の中に歳をとる仕組みとともに若返るわかめスープを入れておいたという話です。これで、子どもに読み聞かせてもストーリーが完成するのではないでしょうか」

二〇一二年一一月、浅漬けの塩として「～恋の漬け物語り～乙姫の塩・あなたの心をお漬けします」と名付けられた商品が発売された。瀬戸内海の天然焼塩に芽《め》かぶコンブ、カツオエキス、唐辛子などを混ぜた浅漬けの塩である。パッケージには「乙姫さま」や「竜宮城」が登場し、塩を使い終わると、パッケージの裏側に描かれた「竜宮城」の海底に「玉手箱」が浮き出てくるという仕掛けとなっている。じつに凝った演出がされており、使い切ったからといってパッケージを捨てるのがもったいないぐらいである。

この商品の前提として、「百五十歳若返るふりかけ・浦島さんにも教えてあげたい…」という商品があった。いかにも大風呂敷なネーミングだが、意表をついて面白い。昆布とゴマを醤油味に仕上げたもので、お茶漬けやおむすびにふりかけて、手軽に昆布を食べることができる。

この商品に掲げられている添え書きが、「利尻屋みのや」の真骨頂とも言えるだろう。

『昆布小町のおいしい格言』
寝ても人生　走っても人生　過ぎた時間は　戻らない　一度きりの人生　振り返るより
振りかけるとき　ああ、ご飯がおいしい！　今日も生きてて　よかった

パッケージにこのように書かれているこの商品にも、誕生する背景に物語があった。「利尻屋みのや」にインターシップに来た北海学園大学の女子大生は、とても絵の上手な学生であった。そこで、商業デザインについて学んでもらい、パッケージを考えてもらうことにした。

「利尻屋みのや」らしい、世の中に一つしかないふりかけをつくるという宿題を出したところ、「百五十歳若返るふりかけ」というパッケージの提案が出された。和臣は、「見た瞬間すごいと思った」と言う。

しかし、ここで一つ問題がもち上がった。「若返る」という食べた効能をパッケージで謳うこ

とは薬事法に触れてしまうのだ。薬品はいいが、食品は効能を謳ってはいけないことになっている。そこで、これまでに生きた人間の最高年齢を調べて、人間では到達することのない年齢と判断した。

「百五十歳若返らないという苦情が入ったとしても対処できると考えて、ゴーサインを出しました」と和臣は言う。

簑谷流ネーミングを地で行く商品となり、今では人気のアイテムとなっている。先にも述べたように、「浦島さんにも教えてあげたい…」というコピーも添えて、「浦島太郎シリーズ」の一角を飾っている。

北海道から昆布製品を売り出す

北海道の観光土産の定番となっているメロン・カニとは異なり、昆布は地味な商品である。国内生産量の九三パーセントを産する北海道にありながら、じつは地元消費は極めて少ない。一方、関西人は、昆布に「お」を付けて「お昆布」と尊称するほど食生活に昆布がとけ込んでいる。つまり、昆布を食文化として培ってきた歴史の違いが大きいのだ。

第一次産業の資源を、まるで植民地のように採りつくされてきた北海道。国策で造られた旧北海道拓殖銀行はその象徴であろうし、本州を「内地」と呼ぶ風習もいまだ根強く残っている。北海道へ開拓に入った本州人の多くは一旗組であり、いずれは故郷に戻るという腰掛け的な移住者が多かった。このことは、関西の人たちと同じく、昆布出し料理を味わうだけの時間的なゆとりがなかったことを物語っている。要するに、漁師は換金用海産物としての昆布を生産するだけで、「昆布を食べる文化」を育てなかったということである。簑谷は次のように自嘲している。

「私が今北海道人でいられるのは、祖父が一旗揚げそこなったおかげなんです」

このような背景があるため、加工昆布の歴史は大阪や京都などの関西のほうが古い。昆布にかぎらず、明治期日本の重工業を支えた鉱工業の原料となる石炭や金、銀、銅などの資源も、供給するだけの資本植民地に甘んじてきた。良質の資源を目の前にして、手も足も出すことができなかったという歴史を北海道は刻んできた。

しかし現在、こと昆布に関しては「利尻屋みのや」の出現により、前記したような消費者の嗜好を釘付けにするような商品が現れたこともあって、北海道の昆布製品市場は大きく変わりつつある。もちろん、函館においても昆布の製品化など、広範囲にわたって加工品が提供されるようになった。健康食品ブームにのって昆布製品に対する消費者の注目度が高まり、生産地ゆえの特化した製品化が進んでいると言える。

とはいえ、江戸中期から明治中期に至る北前船や千石船による交易航路の中継地であった敦賀、下関、大阪での昆布取引と加工は相変わらず一大商圏を形成しており、昆布商いの裾野は想像以上に広いものとなっている。大阪の昆布業界が一九九九年に著した『昆布売りでござる』（こんぶぶんこ、明興社）によると、「京都の八木昆布店（下京区七条通り）の初代当主森弥三郎は、明治末期の八木治商店に奉公に上がり」、大正初期に独立した。そして、天狗印の「酢昆布」を開発して一時期を風靡していた。

第二次世界大戦下の統制時代に入って酢昆布は復活することはなかったというが（現在は商品化している）、代は引き継がれて、昭和三〇年代に真昆布を用いた「塩昆布」を開発し、より上質な塩昆布づくりを進めてしっかりとした地歩を築いているという。「塩昆布」一本で勝負してきたという老舗の底力には圧倒される。しかも、利益追求に奔走しがちな昆布屋の本質を、簑谷と同じく「企業」から「家業」へと切り替えを行っている。食べていただいて「おいしい」と評価されるための昆布づくりによって、これら老舗の暖簾《のれん》が代々受け継がれているのだ。

簑谷の商いの目標も、ここにあると言えよう。いや、筆者はそれ以上かもしれないと思っている。その理由を以下で紹介したい。

「たちかま料理　食事処　惣吉」――鰊番屋の賄い料理

故郷への強い思いだけで、ここまでやってしまうのか！　「たちかま料理」をメニューの核に据えた食事処「惣吉」を、簑谷は二〇〇八年に立ち上げた。テナントだけに頼っていては納得のいく料理を提供することはできない――そんな簑谷の思いが凝縮しているのは、まず父親の名前を店名にしていること。料理の数々を紹介する前に、まずは店内をのぞいてみよう。

明治期であればどこの家庭にもあった「竈《かまど》」（「おくどさん」「へっつい」とも言う台所の煮炊き装置）が、入り口を入ると目に飛び込んでくる。思わず「これ、現役ですか？」と筆者が質問をすると、「もちろんです。母や祖父母の思い出につながる風景でもあります」という答えが簑谷から返ってきた。

「惣吉」を開店させたときから竈《かまど》を設置することにしていたが、小樽には竈《かまど》をつくれるような左官職人がいないため、宿題となったままだった。しかし、二〇〇八年三月、簑谷は奈良県から町屋の修復などを手掛ける左官職人を招いて、伝統的かつ本格的な竈《かまど》をつくり上げたのである。

「昔は、ニシン粕を炊くために、漁師が粘土を探して海藻の煮汁で練って竈《かまど》をつくりました。古代より『おくどさん信仰』と呼ばれる地方があったように、火を扱う台所は『聖なる場所』と

「たちかま料理　食事処　惣吉」
住所　　　　：〒047-0027　小樽市堺町２番12号　出世前広場
電話（FAX）：0134-22-3377
営業時間　　：午前11時～午後10時
定休日　　　：正月の三が日以外は休みなし

奈良県宇陀松山地区にある宮奥左官工業の宮奥定二さん（当時66歳）と
宮奥淳司さん（当時39歳）が作った竈をしつらえた

して崇められ、正月にはしめ縄やお飾り、そして清めの塩を盛ったものです」

この竈《かまど》、高さ八〇センチ、幅一七〇センチ、奥行き七〇センチという大きさである。耐火レンガを組み、耐熱モルタルで目地を埋めると、奈良から持ち込んだ漆喰を大小のコテで下塗り、中塗りと進めて、仕上げとして墨を混ぜた漆喰で化粧を施す。そして、竈《かまど》を置く三和土《たたき》をつくって完成。ここに、古い鉄釜二つとアルミ釜一つが据えつけられた。ご飯を炊くことはもちろん、さまざまな料理がつくられているが、そのための火力は廃材の薪を使っている。

「竈《かまど》の薪で炊き上げたご飯の味やおこげを食べてもらい、日ご飯がこんなにおいしいものなのかと実感してもらい、日本古来より続いてきた竈文化に少しでも触れてもらいたいですね。『惣吉』を、本物の味を提供する場にしていきたいのです」

簑谷の本物志向は、「惣吉」でもいかんなく発揮されて

移築時の様子

「惣吉」の天井には見事な梁がめぐらされている

いる。事実、建物自体も一二〇年前のものを移築しており、太い梁《はり》が露出した天井部分が醸し出す雰囲気に黒光りする竈が溶け込んでいる。

こんなレトロな趣の店内で食べることのできる料理には、いったいどのようなものがあるのだろうか。

見出しにある「たちかま」と聞いても、都会の人にはピンとこないだろう。元々は漁師の賄い料理であり、北海道の日本海沿岸地方では「たつかま」とも呼ばれている。原料はスケトウダラの白子である。この白子をさっとボイルし、エッセンスを取り出すために漉す。さらに、塩をまぶしながら擂《す》り鉢で練り上げ、ほどよい粘り気が出たところで適当なサイズにつまみあげて熱湯でさっと煮る。仕上げに冷水で冷やすと、白いかまぼこができ上がる。

粘りある食感と白子の旨みが塩で引き立てられ、つくり立てを刺身切りにして山葵醤油で食べると上品な旨みを味わうことができる。醤油仕立ての汁ものに、青物とともに煮ても食感が増すし、海苔で巻いて甘醤油のたれを塗り、さっと焼いても旨い。スケトウダラ漁のはじまる初冬から初春が旬の季節となっており、昨今、珍味として札幌の市場に出回っているが値段もそれなりにしている。

簑谷の幼少期の味はほかにもある。簑谷が生まれた利尻島は、夏場の利尻昆布漁やウニ漁が観光としても知られているが、かつてはニシンの一大漁場であった。肥料として重宝されたニシンは、地元では糠漬けにして保存し、塩抜きして「三平汁」などとしてよく食べられた。また、三枚下ろしにして乾燥させた「ミガキニシン」は保存食として珍重されてきた。京都の名物料理となっている「にしんそば」は、「北前もの」として蝦夷の時代から移出されてきたものである。それ以外にも、ホッケも大量に獲れるところから、ホッケの身をすり身にした料理も日常的に食べられてきた。

「惣吉」のメニューの中心をなす「たちかま」、「ホッケ」、「にしん」を使った料理を紹介しよう。

たちかま料理――「たちかま膳」「たちかまと魚の刺身」「たちかまと野菜の天ぷら」「たちかまとネギの味噌汁」「たちかま汁」「たちかま天ぷら」

ホッケ料理――「ほっけすり身膳」「小樽番屋料理定食」「ほっけのすり身焼き」「ほっけのすまし汁」「ほっけスティック」

ニシン料理――「ぴり辛ニシン膳」（ニシン番屋料理）

「ニシン番屋料理とか浜料理を中心としており、『惣吉』ならで

ほっけすり身膳

はのメニューとなっています。洋食のような派手さはありませんが、浜の伝承料理を楽しんでもらえればうれしいです」

と簑谷が言うように、素朴な「浜のおふくろの味」といった趣があり、これに竈《かまど》で炊いたご飯が添えられれば申し分のないニシン番屋の臨場感を味わうことができる。若者嗜好からは少々遠ざかるメニューかもしれないが、たまにはゆったりとした心地で、レトロな建物やかまどを横目に、本物の浜料理に舌鼓を打ってみるのもいいのではないだろうか。

しかし、ちょっと待て。簑谷が営んでいるのは昆布屋である。「惣吉」には昆布料理のメニューがないのであろうか……ご心配なく、家業の真骨頂ともいうべきメニューが用意されていた。

「とろろ昆布美食膳」、三種類のとろろ昆布を出汁《だし》として使い、その中に炊き立てのご飯をまぶして食べる昆布茶漬けである。出汁に絡むとろろ昆布の上質な旨みを、ご飯とともに流し込む食感がじつに心地いい。京料理にもない絶妙な取り合わせとなる三種類のとろろ昆布をご飯にかけて食べるというもので、上品な味わいが圧巻である。添え物としては、季節の野菜を使った煮物と焼き魚と香の物が膳を彩っている。

昆布屋ならではの料理「昆布サラダ」

名古屋名物の「ひつまぶし」が鰻三昧の食べ方なら、「惣吉」のオリジナル料理は「とろろ昆布三昧」とも言うべき食べ方であり、健康によい薬膳料理である。

これ以外にも、「海鮮納豆膳」というユニークな料理や、利尻昆布を使った「とろろ昆布」の料理など、小樽市内はもとより、道内でもなかなか食べることのできない素材料理があるので、小樽に来られたら是非立ち寄っていただきたい。

五右衛門風呂のある宿「御宿櫻井」

籏谷は、自慢の宿まで造ってしまった。冒頭でも少し紹介したが、「惣吉」の二階に直営店となる「御宿櫻井」がある。〈明治のハイカラ、大正のモダン、昭和の激動〉を〈日本近代の歴史とともに繁栄と激動を凝縮した旅荘として再現〉したと言うだけあって、思い入れたっぷりの部屋が並んでいる。

「不老長寿の間」（二間続き）、「大正の間」（二間続き）、「昭和の間」（一間）、「明治の間」（一間）と名付けられた四部屋だけなのだが、宿泊客のプライベート空間はほどよく保たれている。しかも、三時代それぞれの面影を残した装飾がたっぷりと施されており、一見すると古風な割烹旅館

「御宿櫻井」の館内

和風旅館のような看板

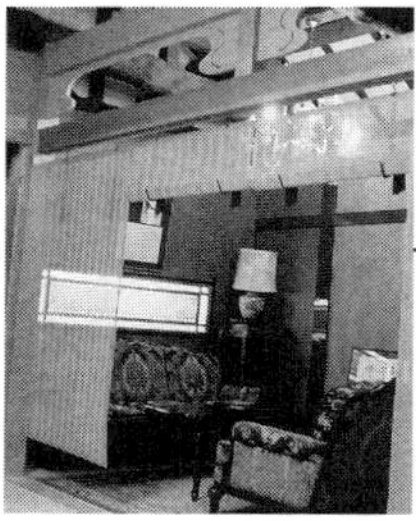

「不老長寿の間」の洋室

入口廊下

五右衛門風呂のある廊下

とも映る。

もちろん、凝った趣向は風呂にも現れている。風呂場には通常の湯船と五右衛門風呂の湯船の二つが用意されており、四～五人がゆっくりと入れる家族風呂としても利用できるようになっている。

簑谷が唱える〈繁栄と激動を凝縮した旅装〉そのものが実感できるこの旅館は、古材や廃材が使われており、古民具やいただき物で造られたというから驚きである。明治、大正、昭和と時代を彩った調度品が随所に置かれ、時空を超えた和の異空間を装っている。とても言葉では言い表すことのできない絢爛豪華な装飾もされており（不老長寿の間）、一二〇年前の建物の頑強さと渋みを味わえる宿となっている。

「一〇〇パーセント、リサイクルの宿です。ここで小樽の時代を感じ取ってもらい、少子化防止に役立てていただければ……」と宿の狙いを語る簑谷には、小樽観光においては「宿」の質が問題なのだという考えがあった。

「地元の人たちは、口を開けば『観光客が泊まってくれない。小樽にはホテルがない。すべて札幌のホテルに取られてしまう』と嘆きますが、実は本当に泊まってみたい宿がないから泊まらないだけなのです」

このように明快に喝破する簑谷は、「小樽が札幌とホテル競争を繰り広げても適わない」とも言う。そして、言葉を続けた。

「札幌であれば、どれだけ投資してもペイするだけのキャパシティーがありますが、小樽に札幌ほどのグレードのホテルを造っても、小樽ヒルトンホテルに修学旅行生が泊まるというのが精いっぱいでしょう。観光客を泊める方法といったら、こだわりの宿、つまり小樽らしい宿、泊まってみたい宿を造るしかないでしょう」

その結果、自らゲストハウスとして「御宿櫻井」を造ることになってしまったのだ。客のもてなしから部屋の赴きまで、泊まって癒される空間は簑谷流の心尽くしにあふれている。何といっても、レトロな趣は「簑谷ワールド」における最高の演出である。

宿名「櫻井」は、『太平記』の名場面の一つを歌った『桜井の決別』（落合直文作詞・奥山朝恭作曲）の一節「青葉茂れる櫻井の……」からもらい受けたというから、簑谷流の諧謔《かいぎゃく》、遊び心が満載である。この宿のことも、媒体広告はいっさい利用していない。希少価値として、この宿の趣や趣向を理解してくれる客でないと利用しないだろうと、口コミで広がるだけで十分だと言う。

「京都では、町屋を一軒ごと貸し出すという商いが軌道に乗っていると聞きます。小樽にも、古いデザインの建物が結構空き家になってきています。高齢化により、一軒屋を出てマンション暮らしに切り替えるお年寄りが増えてきていますね。しかし、新建材で建てた建物は面白くないですよ。昔ながらのデザインの建物は、それ自体がウリになります。一軒丸ごと借り上げて事業をやろうという気運が最近盛り上がりつつありますが、多くの場合、行政を無視して民間主導でやろうとしているようです。行政を敵に回すのではなく、味方につけるほうがいいと思いますね」
「街並みは文化」であると持論を唱える簑谷にとっては、古い家屋が目的なのではなく、昔ながらのデザインを施した建物に価値を見いだしている。「御宿櫻井」の風情は、簑谷の理想が凝縮されたものなのかもしれない。

遠い落日《らくじつ》／　異國の風か
旅愁《りょしゅう》にかすむ／　洋燈《らんぷ》の灯《あか》り
見るは窓外《そうがい》／　明治の甍《いらか》
めぐる想いを／　小樽に重ね
わずか四部屋の／　櫻井の宿
（修子）

「御宿櫻井」
住所：〒047-0027
小樽市堺町２番12号
出世前広場
電話（FAX）：0134-22-3377

簑谷が「御宿櫻井」に想いを込めた一節である。ちなみに「修子」とは、簑谷のペンネームである。

昆布省警務局オイッコラ交番――「貴方は素敵なので逮捕します」

出世前広場の手前に、奇妙な「交番」が建っている。看板を見ると、「昆布省警務局オイッコラ交番」と記されている。ギャクとしか言いようのないメッセージが面白い。

――貴女は素敵なので逮捕します…とヒゲのニセ署長がプッと吹きは出すような逮捕状を発行

交番の奥には「拘置所」まである。もちろん、開放されたサロンなのだが、ここには〈ニセ署長の好みの女性だけが入れるところ〉とあるから、選《よ》り好みで「逮捕」した女性にだけ昆布茶でもてなすのだろう。警棒を腰に下げた口髭の「ニセ署長」の写真まで置いてある、大人の遊び場である。

実際には、ニセ署長は隠れっ放しで登場することはない。自由に休んでもらうサロンとして、簑谷一流の諧謔《かいぎゃく》的なサービスなのだが、堺町通りを行く観光客は必ず足を止めてのぞき込み、ニヤリとする。

「ここまでやっちゃいますか」と、冷やかしの一つも聞こえてきそうな遊びであるが、簑谷は真顔で設置の経緯を話してくれた。

「現実の小樽警察署長に、『昆布省警務局オイッコラ交番』の設置許可をもらいに行ったら、二つ返事でＯＫになりました。『ニセ警察署長をやるぞ』と言ったら、大いにやってくれ、応援するぞとまで言われました」

「語りたい相手がいると、『オイッコラ交番に出頭せよ！』と言って連絡しています」と言う簑谷のレトロ街造りは、「ここまでやってしまうのか」という極めつけの遊び場となっている。

「小樽ルネッサンス」を説き、「大正ロマン」の街並み復活を志す心根とは、とことん「本物」をぶつけることである。プロの誇りをもって観光客に楽しんでもらうために時代ギャグまできっちりと用意し、しかもそこには下卑や下品にならない遊び心が配慮されている。

　非日常的なテーマパーク「出世前広場」への仕込みは、もはや簑谷の独断場と言えるだろう。その中核となる拠点、

「オイコラ交番」

火付け役となって牽引するための場所がここで、さらなる拡大を目指す簑谷の構想は九分通り完成している。

今、小樽を本拠地としてきた北海道中央バスが運営するレトロバスが観光客を乗せて毎日小樽市内を周遊している。一二時一五分、堺町通りの昆布省警務局オイッコラ交番に到着すると、小樽観光ガイドクラブの「おたる案内人」マイスターがオイッコラ警察官役で現れて、観光客を「拉致」ではなく、「小樽の若き獅子たち」を展示する「小樽歴史館」に案内し、約一五分あまり紙芝居を演じて小樽の歴史を紹介する。もちろん、ボランティアが大正時代の警察官の服装に身を包み、カイゼル髭をつけての本物振りを披露している。和やかに笑いを誘う演出が、「出世前広場」のスポットとして提供されている。

昆布省が発行している、「児童・大人用」の「尋常でない小学校修身書巻一」というものもある。そこには、「覗

「不老館」の前で待機する市内観光バスと
「オイッコラ警察官」

きのススメ」と題された一文がある。

およそ学問とは　他人の善《よ》きこと悪《あ》しきこと
此の世の森羅万象を考え　なやみ迷い　己れ
を磨き　人の為をなす事柄なれば　その芽生
えは　幼き好奇心より　他世界を覗きたるこ
とが感性をば高め　功を成す也
されば人類の幸せは　覗きより始まり
覗きこそ文化也り
愉吉
覗け　のぞけ!!

福沢諭吉の原作であるかどうかは分からないが、どうも「覗け　のぞけ!!」は簑谷の脚色であろう。「愉吉」の「愉」も愉快の一字を当てるなど、何でも自分のものにしてしまう愉快脚色の天才である。

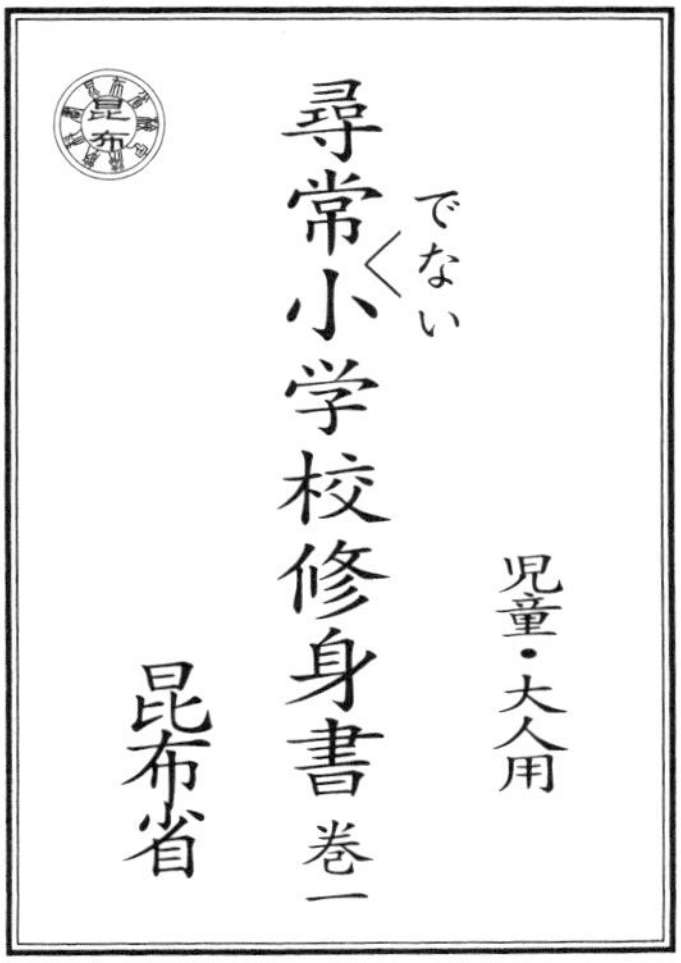
尋常小学校修身書　巻一
でない
児童・大人用
昆布省

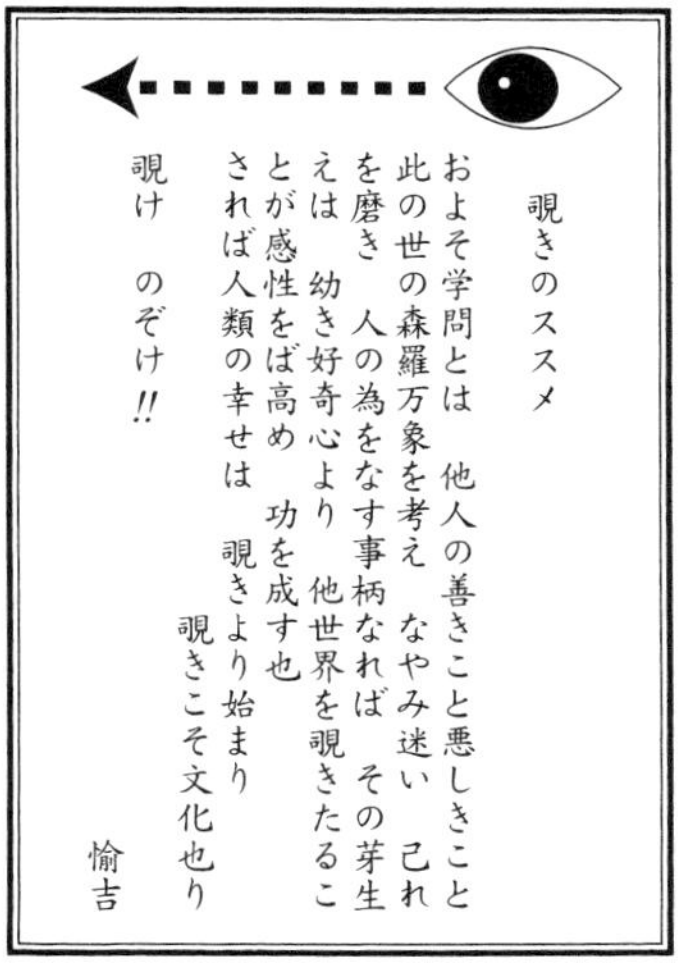
覗きのススメ
およそ学問とは　他人の善きこと悪しきこと
此の世の森羅万象を考え　なやみ迷い　己れ
を磨き　人の為をなす事柄なれば　その芽生
えは　幼き好奇心より　他世界を覗きたるこ
とが感性をば高め　功を成す也
されば人類の幸せは　覗きより始まり
覗きこそ文化也り
愉吉
覗け　のぞけ!!

第6章

石原裕次郎に「おれの小樽」と歌われた街

運河通りに立つ裕次郎の父の会社。旧山下汽船小樽支店（４階）の入っていた浜小樽ビル。現在は中華料理店「好」

裕ちゃんと小樽

戦後、日活映画の全盛期を青春スターとして支えた石原裕次郎。その「石原裕次郎記念館」が小樽にあり、観光めぐりの一つともなっているが、その由来の説明が必要だろう。

一九三四（昭和九）年一二月二八日、神戸市で生まれた裕次郎は、父石原潔の転勤にともなって三歳のときに小樽に移り住んだ。裕次郎の口伝として出版された『口伝　我が人生の辞』（石原裕次郎・主婦と生活社）で回顧される「おれの小樽」の項で、次のように述懐している。

小樽の家からの眺めは素晴らしかったね。小樽港へ真っ直ぐ続く長い坂の山の手にあってさ、二階の部屋から港が見渡せるんだ。三歳から九歳まで、ぼくは小樽の海を見ながら暮らした。

裕次郎が住んだ「小樽の家」とは、現在の小樽商科大学下、緑町一丁目にあった木造二階建ての洋館風の社宅である。現在その建物はないが、場所は確認することができる。裕次郎が語るとおり、眼下に小樽港を望む街並みは壮観で、小樽の「山の手」といった趣である。

その坂を小樽商科大学の方向に上ると「アカシアの木」がある。日曜日の朝、ゴルフに出掛ける前の父親が「写真を撮るぞ」（前掲書より）と言って、そのアカシアの木の傍らに連れていかれたという。のちに自らが歌ってヒットした『赤いハンカチ』や『恋の街札幌』、『思い出はアカシア』などに登場するアカシアは、札幌を舞台にして歌われたものだが、アカシアを口ずさむときの裕次郎の脳裏には、半ば強制的に連れていかれた小樽のアカシアの木が蘇っていたのではないだろうか。

この海を望む坂道は、小樽商大生には「地獄坂」と呼ばれていた。勾配率は一〇パーセントほどだが、下から見上げると急勾配に見える。坂を下ると稲穂小学校に辿り着く。裕次郎少年は「小学校へはスキーを履いて通った」（前掲書）というから、格好の「スキー場」となっていたのだろう。一九四一（昭和一六）年、入学した「稲穂国民学校」一年四組のクラス写真には、坊主刈りの子

「地獄坂」小樽商科大学に至る坂道。小学校時代の裕次郎はスキーを履いて滑りながら登校したという

どもたちのなかで、一人だけ坊ちゃん刈りのあどけない表情の裕次郎少年が映っている。

遊びの舞台はもう一つあった。

住吉町にある料亭「海陽亭」は、父潔が山下汽船小樽支店勤務時代に頻繁に使っていた老舗料亭である。小樽で最後の芸妓として「おたるむかし茶屋」（現在は閉店）を営んでいた野沢葉子さんが、半玉だったころに「海陽亭」で潔さんのお座敷での姿を、「海陽亭で開かれる宴会がいつもドンチャン騒ぎとなったところから〝ドンちゃん〟と呼ばれておりましたね」（前掲書）と振り返っている。

「ドンちゃん」という父のあだ名については、その海陽亭の三代目女将である宮松芳子の回顧録とも言える『三代目女将が語る海陽亭』（宮松芳子、小樽本店 海陽亭）のなかでも次のように書かれている。

小樽「海陽亭」で寛ぐ裕次郎。先代女将の宮松幸代と芸妓喜久姐さんと遊ぶ（昭和40年代・野沢葉子氏提供）

――にぎやかなことが大好きで、宴会のときには鉢巻をして、大きな太鼓をドドン　ドドンと鳴らすのが十八番だったようです。

海陽亭に泊まった夫の着替えを持って訪ねる母のうしろについてくるのが幼き日の裕次郎で、二代目女将幸代にかわいがられていたという逸話も多く残っている。

――すべてが小樽――。裕次郎さんが言っておりました。自分の人生の多感な時代が、おれにあやれ、こうやれとしめしてくれたみたいなもの……。（前掲書）

宮松芳子は、一九三七（昭和一二）年から一九四三年までの「小樽と裕次郎」の足跡について、このように深い想いを抱いている。石原家との交流の深さは、海陽亭の財産の一つでもあったようである。

父が通勤した旧山下汽船小樽支店の事務所は、今も運河通りに面する色内一丁目にある四階建ての旧浜小樽ビル（現・中華料理「好」）の四階に入っていた。同じ色内に建つ旧日本郵船小樽支店の建築様式や規模とは比べものにはならないが、小樽の海運業の隆盛だった時代の遺構として偲ばれる。

石原裕次郎と会える場所がもう一か所ある。ＪＲ小樽駅４番ホームに飾られている等身大の裕次郎のオブジェである。一九七八（昭和五三）年五月一五日にＮＨＫテレビ『北紀行』のロケで小樽駅のホームに降り立ったときの写真が見つかり、裕次郎の誕生日の三日前に現在の駅舎が完成したという縁もあって、小樽駅開駅一〇〇年にあたる二〇〇三（平成一五）年六月一七日（月命日）に「裕次郎ホーム」が誕生した。その折、妻の石原まき子さんを「名誉小樽駅長」に任命して式典が執り行われた。「石原裕次郎記念館」とともに小樽の街並みに残る石原裕次郎の痕跡であり、面影は、歌われる「おれの小樽」そのものに染み込んでいるようだ。しかし、小樽の町を全国に知らしめたのは裕次郎だけではない。簑谷はそこに着目し、またまたとんでもないものを造り上げてしまった。

小樽駅にある「裕次郎ホーム」。元は1番ホームだったが、
現在は4番ホームとなっており、列車の到着時には混雑する

小樽〝獅子の時代〟を掲げて

歴史好きな簑谷の真骨頂ともいうべきミュージアム、それが、「出世前広場」の一棟の一階で開放する「小樽歴史館」である。なかでも簑谷の思い入れの深いのが、「小樽の若き獅子たち――小樽を作り　今に伝えた勇者達の記録」と掲げ、この町の発展に貢献した若き獅子たちをたたえたコーナーである。

これまで簑谷が一貫して唱え、投資し、そして実践してきた観光都市小樽の資源である「街並み遺産」の継承、その背景にこそ小樽人の「人的遺産」があると言う簑谷は、自らの提言とともに特定非営利活動法人「歴史文化研究所」(石井伸和氏)の多大なる協力を得て「小樽歴史館」を展示開放し、小樽にまつわる人物の情報を観光客に提供している。そこで紹介される人物を「公を思う民―小樽港民」、「小樽の

「小樽歴史館」の入り口

若き獅子たち」とし、さらに「小樽商人」の姿を華僑に見立て「樽僑」とまで評し、繁栄に導いた先人たちに敬意を表している。

「小樽歴史館」に展示されている人物列伝を紹介していこう。まずは「近江商人」である。

江戸時代、北海道が「蝦夷地」と呼ばれていたころ、小樽には「ヲタルナイ（小樽内）場所」、「タカシマ（高島）場所」、「ヲショロ（忍路）場所」と称された三つの場所が置かれ、それぞれ「場所請負人」を配していた。この「場所請負人」制度とは、松前藩時代における家臣の知行制に商場（蝦夷地特有の流通制度）を設けたものだが、その運営は商人に代行させていた。「忍路《おしょろ》」、「高島《たかしま》」はニシンの大場所として繁栄するとともに天然の湊《みなと》になっていた。

和人の定住化にともなって小樽周辺は集落化が進んだ。さらに日本海では、「北前船」という弁財型和船が行き来し、本州との往来が活発化した。北海道開拓が本格化するに及ん

堺町郵便局の隣に立つ「オタルナイ場所跡の碑」

で、物流や移住者の玄関口としての役割を果たしていった小樽だが、その先兵として乗り込んできたのが豊富な資本力をもっていた近江商人であった。

「住吉屋西川家『最果ての地へ！命がけの商魂』」というパネルでは、一七八六（天明六）年、滋賀県に本店を置き、松前に出店後、北上するニシンを追い、オショロ・タカシマ場所に進出したとされている。同じく、滋賀県出身の「恵比須屋岡田家『追鰊と開拓の足跡が符号』」というパネルでは、滋賀に松前屋本店を置き、松前に支店「恵比須屋」を出店し、一八〇七（文化四）年にヲタルナイ場所の場所請負人となった恵比須屋岡田を魁としている、と説明されている。

また、同じ滋賀県出身で、一八七八（明治一一）年に現在の色内で呉服、荒物、醤油製造業をはじめた石橋彦三郎を「小樽の醸造業の大御所」とたたえ、その店に奉公して清酒「北の誉」を看板酒にもつことになる「丸ヨ・野口商店」の野口吉次郎を紹介している。

「松前商人」としては、新潟出身で、松前の漁業家金子元三郎の二代目であり、一八八五（明治一八）年に来樽した金子元三郎商店が紹介されている。一八六五（元治二）年、ヲタルナイ場所から穂足内村並となったとき、滋賀県出身の名主山田兵蔵の養子となった松前生まれの吉兵衛は小樽の発展に尽力し、山田町の名を残す大地主となっている。

同じく養子になった人物として、秋田県生まれで小樽の廻船問屋藤山重蔵（松前出身）の養子となった藤山要吉がいる。海運業や漁場、農場などを経営した豪商で、稲穂町に豪邸を構えていた。

『図説小樽・後志の歴史』（郷土出版社）によると、近現代に入って日本海の商港として小樽は飛躍的な発展を遂げるが、明治一〇年に手宮埠頭が竣工し、同一三年に「手宮—札幌」間の鉄道が開業し、同一六年には空知地方の石炭の積み出しのために幌内鉄道が開業し、小樽港は石炭の積出で賑わいを見せていったという。

そして、同二二年には特別輸出港の指定を受け、道内で生産される農業生産物が安定化するにつれて輸出も盛んになっていった。明治三七年にサハリン（旧樺太）の南半が日本領となるに及び、小樽の商圏はそれまでの道内からさらに広がりを見せ、食料品や日用雑貨品などがサハリンに積み出されていった。

小樽の商圏が爆発的な発展を見せたのは、日清・日露戦争から一九一四（大正三）年にはじまった第一次世界大戦にかけてである。主な戦場と化したヨーロッパ各国では、主食となる農産物が不足し、道内で生産される豆類や澱粉が大量に輸出されることになった。とくに豆類は投機の対象となり、小樽の雑穀相場がロンドン市場を動かすほどの影響力をもつに至った。その中心的な存在となったのが、「小豆将軍」の異名をもつ「越後商人」の一人、高橋直治である。

高橋直治は、一八七八（明治一一）年に新潟県から来樽し、奉公ののちに独立して味噌・醤油醸造から精米業を興し、「高橋合名会社」を設立すると第一次世界大戦中に穀物相場で巨万の富を築き、前述したように「小豆将軍」とまで呼ばれるようになった。そしてのちに、小樽初の衆議院議員となっている。

新潟から来樽した人物はまだいる。

一八七二（明治五）年に佐渡で生まれた磯野進は、一八九七（明治三〇）年に来樽後、海産物商磯野商店を興し、佐渡の味噌、縄、莚と新潟の米を持ち込んで販売した。富良野にあった磯野農場で一九二七（昭和二）年に起きた小作争議が、小林多喜二の『不在地主』のモデルになったと言われている。

もう一人、「小樽旦那衆文化の代表」とも言えるのが岡崎謙である。やはり佐渡生まれで、一八八八（明治二一）年に来樽し、一八九九年に家業の荒物卸・倉庫業を継いだ。趣味が高じて一九二六（大正一五）年に能舞台を邸宅内に建て、一九五四（昭和二九）年に小樽市に寄贈（一九六一年に小樽公会堂に移築）したという粋な趣味人であった。

現在も、小樽運河沿いには軟石造りの巨大な倉庫群が建ち並んでいる。この倉庫群を競って建てたのが「加越能商人《かえつのうしょうにん》」である。

「加越能商人」とは、加賀、能登、越中の商人たちことであり、北前船を運航させながら本州各地から搬入された物資を安全に保管するためにこれらの海岸倉庫を建設したのである。海岸を埋め立てて建設用地を確保しながら倉庫建設に努めたため、現在のように運河沿いに連なることになった。「小樽歴史館」では、それらの人びとが次のように説明されている。

西出孫左衛門《にしでまござえもん》と西谷庄八《にしやしょうはち》、「小樽倉庫文化の創始」として有名なこの二人は、石川県加賀市橋《はし》立《だて》の出身で北前船主《きたまえせんしゅ》であった。一八九三（明治二六）年、色内に小樽倉庫を開業した。西出は函館に拠点を移し、西谷は小樽に残って一九二二（大正一一）年に西谷海運株式会社を興し、東洋一の回漕店《かいそうてん》となった。

また、「粋好みのご両家様《りょうけさま》」として、広海二三郎《ひろうみにさぶろう》と大家七兵《おおいえしちへい》が紹介されている。石川県加賀市瀬越《せごえ》出身で、やはり北前船主同士のこの二人、郷里では「ご両家様」と尊称されたという。一八八九（明治二二）年、小樽に広海倉庫を、そして一八九一年に大家倉庫を建てている。「歴代培われた商才」とされているのは右近権左衛門《うこんざえもん》と中村三之丞《なかむらさんのじょう》。右近家は近江商人西川家に雇われ、やがて自らも北前船を所有して商いをはじめ、同郷で姻戚関係にあった中村家と共同で経営を行った。江戸中期から明治三〇年代まで、大阪—蝦夷地・北海道の日本海経路の廻船業を営んだ。幕末には「日本海五大船主」の一人に数えられ、一〇代目権左衛門になって、それまでの北前船から西洋型帆船《はんせん》や蒸気船に切り替え、近代的な廻船業経営に乗り出していた。

大正期、小樽には雑穀商が一九〇店あり、海産商の一三〇店を超えていたという。また小樽港は、ヨーロッパやアメリカとの定期航路も結ばれ、世界へ向けた窓口となっていた。

一九二二（大正一一）年に市制が敷かれ、人口一一万七九五三人（『小樽市史・第四巻』参照）となった。産業従事者も、商業人口三万六〇〇〇人、工業人口二万四〇〇〇人、交通人口一万七〇〇〇人を誇った。世界との貿易が盛んになると、港に近い色内町に大手銀行が競って支店を開設した。その数二〇行、北海道拓殖銀行、北海道銀行、三井銀行、三菱銀行、第一銀行、日本銀行などがそれぞれ小樽支店を開設し、この地一帯を、アメリカを代表する金融街「ニューヨーク・ウオール街」になぞらえて「北のウォール街」と呼ばれるようになった。

また、一九二六（昭和元）年にはイギリス領事館が、一九二九年にはソ連邦（現ロシア連邦）の領事館が小樽に開設され、経済を通じての国際交流の都市としての顔も見せるようになった。

この小樽銀行街には貿易会社、商船会社、海運関連の業者、大規模卸問屋、旅館、ホテルなどが次々と進出し、一大ビジ

大正時代の妙見川通りのしだれ柳

ネス街の顔も見せるようになった。しかも、競ってモダンなデザインを凝らした軟石造り、煉瓦造りの欧風建築物が建てられたことによりエキゾチックな商業都市小樽を構成することになった。これら西洋風の建築物の設計などを手掛けた人物も、「小樽歴史館」では紹介されている。

「工部大学校造家学科第一期生四人のうち三人の作品が小樽に現存！」とされるテーマは、簑谷らしい視点で非常に興味深い。「工部大学校」とは、東京大学工学部の前身である。

その先駆者として、まず辰野《たつの》金吾《きんご》（一八五四～一九一九）が「日本近代建築の先覚者・開拓者」として挙げられている。要約すると、工学大学校造家学科でイギリス人建築家コンドルの薫陶を受けた辰野は、イギリスに留学してバージェスのもとで設計を学び、帰国後、母校である東京帝国大学の教授となり、後進を育てることになる。頑丈な設計が特徴で、「辰野頑固」と呼ばれたと紹介されている。

辰野が手掛けた主な建築物は二二八作品と言われ、日本近

かつて「北のウォール街」と呼ばれた色内町の旧銀行街

代建築のパイオニアと賞賛されている。そのなかの代表作といえば、やはり日本銀行本店であろう。もちろん、小樽支店も辰野が一九一二（明治四五）年に手掛けており、「顧問辰野金吾・技師長長野宇平治・嘱託岡田信一郎の三人が設計した」と記されている。「孤高《ここう》の現場主義者」と紹介されているのは佐立七次郎《さたちしちじろう》（一八五六～一九二二）である。工部大学校一期生四人のなかでいち早く建築事務所を構えた佐立は、大阪中央郵便局や会計検査院の建築設計を手掛けた（ともに現存しない）。そして、一九六九（昭和四四）年に国指定重要文化財となった旧日本郵船株式会社小樽支店の設計も手掛けている。

「小樽歴史館」の紹介パネルでは、一九〇三（明治三六）年四月の小樽大火で類焼した日本郵船小樽支店を、三年半を経た一九〇六年九月に移転新築し、「商業機能を考慮した確かな導線計画がなされている」と評している。

もう一人、「都市計画の嚆矢」として紹介されている曾禰達蔵《そねたつぞう》（一八五三～一九三七）の出自は異色である。パネルの全文を紹介しておこう。

唐津藩主《からつはんしゅ》の祐筆《ゆうひつ》を父に持つ達蔵は、藩主世子小笠原長行の小姓をつとめ、一九六八年（明治元年）八月榎本武揚率いる幕府脱走軍に長行は乗り込んだが、達蔵は長行の命で唐津に向かった。長行が達蔵の才能を惜しんだという。のち高橋是清《これきよ》の支援で工部大学校へ、三菱二代目の大番頭荘田平五郎の支援で一九一〇（明治四三）年「丸の内煉瓦街」を完成させた。旧三井銀行小樽支店は一九二七（昭和二）年に曾禰中條建築事務所設計で建築され、小樽初の鉄骨鉄筋コンクリート造（ＳＲＣ造）で、設備も小樽ではじめて水洗トイレを設けるなど最先端技術が施されている。

日本における近代建築の先駆者三人による作品が小樽に現存するという事実もまた、小樽の観光遺産として目玉的な存在となっている。事実、それらをめぐる観光客も年々多くなっている。

さらに、簑谷の目は小樽経済を交易で支えた港湾にも向けられている。「港湾文化の先駆者達」として以下の五人のを紹介している。

・**廣井《ひろい》勇《いさむ》**——貧に美を説く前に貧ならざる環境を、伝導を断念し工学へ。
・**関屋《せきや》忠正《ただまさ》**——難工事を成功させるためには勤勉をもってするしか方法がない。
・**伊藤《いとう》長《ちょう》右衛門《えもん》**——俺が死んだら骨を防波堤灯台のコンクリートに埋めてくれ。
・**青木《あおき》政徳《まさのり》**——現場での試験こそが実現への捨て石。
・**内田《うちだ》富吉《とみきち》**——周囲の動向に依拠する如く技術者の境遇一紙片なり。

小樽の原名の由来とされる「ヲタルナイ川」は、アイヌ語で「砂浜の中の川」の意味をもつことからも分かるとおり、砂浜の広がる海岸線であった。前述したように、「タカシマ」や「ヲショロ」については「天然の湊」と言われる環境にあったが、小樽市街地の湾内は、北西の季節風が吹くと大波が押し寄せて荷役ができなくなり、船の被害も多かった。この ため、湾内を防波堤で防ぐことが課題となっていた。この防波堤工事に携わった人物たちを、襄谷は「港湾文化の先駆者達」として紹介したのである。

廣井勇は、一八九七（明治三〇）年に着工した小樽築港第一期工事（北防波堤延長一二八〇メートル）を自ら研究開発した工法によって完成させた小樽築港事務所の初代所長であり、最大の功労者と言える。そして関屋は、その後任として所長になった技師で、伊藤は廣井のもとで築港事務所勤務を経たのちに関屋の後任所長として一九二一（大正一〇）年に小樽築港第二期工事（南防波堤）を完成させた。また内田は、

台湾行きの「新高山号」出航（大正時代）

廣井のもとで築港工事に従事したのち、一九一四（大正三）年から一九一六年まで小樽区主任技師として運河の設計施工に携わった。

「日本近代土木工学の父」と呼ばれた廣井勇の偉業を引き継いだこれらの人々、決して忘れてはならない功労者であろう。

しかし、一九三七（昭和一二）年にはじまった日中戦争、さらに戦時下での急速な経済の停滞と太平洋戦争での敗戦により小樽の町は一気に衰退していった。にもかかわらず、明治期の石造り倉庫群や大正・昭和初期の繁栄期に建てられた旧銀行や石造建築物などが小樽の遺産として残っている。それらは、一部が埋め立てられた運河とともに小樽観光の資源となっていることはまちがいない。簑谷が唱えている「大正の街並み復古」によって、さらに小樽の観光資源が充実することが期待される。

小樽運河戦争で一躍全国区に

現在でこそ全国区の観光資源となった「小樽運河」だが、この運河が脚光を浴びるようになったのは、皮肉にもある騒動からである。小樽市が運河の半分を埋め立てて、新たな自動車専用道路である小樽臨港線が着工したからである。埋め立てが現実化するに及び、元の運河を残すべきという反対派が運河保存を訴えて立ち上がり、街を二分する大騒動がマスコミを通じて全国に流され、その結果として小樽観光に火をつけることとなった。この間の経緯を紹介しておこう。

小樽運河は水路を掘ったものではなく、沖合を埋め立てて、陸との間にできた水路のため「埋め立て運河」とも呼ばれている。戦前は、海上に停泊している船舶から荷物を載せた艀《はしけ》が行き来し、運河沿いはかなりにぎわった。しかし戦後、樺太などとの交易がなくなったため物流の拠点としての使命が終わり、無用の長物と化してしまった。

放置されたままの運河には廃船が浮かび、底にたまったヘドロの沈殿物や水の濁りから放たれる悪臭など、小樽市民にとっては「やっかいもの」となってしまった。ところが、小樽を訪れる人たちにとっては、汚くても運河はかつての港都小樽を追憶させる格好の風景である。西洋館様式の建造物や軟石で造られた倉庫群とともに、黄昏の港町をイメージさせていた。

坂の街小樽は、街中を国道が走っている。一九

小樽運河

六〇年代、モータリゼーション時代の到来とともに、生活道路でもある狭い二車線の国道では将来渋滞を増加させるだけであるため、自動車をスムースに走らせる新設路線がすでに計画されていた。

とはいえ、反対派が行動を起こしはじめたのはこのときからではない。一九八三年、小樽臨港線が着工され、商港都市小樽の象徴ともいうべき有幌の倉庫群が取り壊された途端、「さあ、大変とばかり」に立ち上がり、中央の学者や文化人などいったあらゆる人々の応援を得て建設阻止に立ち上がった。俗に「小樽運河戦争」と呼ばれている騒動の開幕である。

その結果、運河の半分が埋め立てられ、大正時代の遺構でもある小樽運河は一変した。味気ないものとなってしまった運河では、いかにも存在が軽い。そこで、散策路が造られ、人工的な護岸整備によって、まるで映画のセットのような運河として甦った。軟石倉庫と併行して走る運河が観光的に脚色され、騒動で一躍知名度が上がったことが理由で大変な観光資源となり、一九九六年には「都市景観一〇〇選」も受賞している。連日、大型バスが駐車場を占拠し、団体の客であふれかえっている。

とはいえ、滞在型の観光客は少ない。先にも述べたように、ホテルや旅館など宿泊客を受容する受け皿が少ないことも事実だか、道都札幌からバイパスで二〇分ほどの距離に位置する小樽は、日帰りや通過型の観光地でしかないようだ。

商都小樽の遺構や魅力を思う存分楽しむためには滞在しなければならないはずだが、騒動のあった小樽運河だけを眺めてみたいという観光客にとっては、運河沿いの光景を見るだけで十分なのだろう。せめて「えびす屋　小樽」が運営する人力車に乗って、大正時代の面影が残る小樽の街並みを見学してほしいものである。ちなみに、宿泊される観光客の多くは、札幌や札幌の奥座敷と言われる定山渓温泉に集中している。

小樽観光の「三種の神器」

小樽には、観光の「三種の神器」があると言われている。元小樽市長の新谷昌明が現役時代、日本観光連盟が主催するパーティーの席上で小樽をアピールした折の言葉と言われている。小樽を訪れる観光客にとって、「見る、買う、食べる」を満喫するための対象、それが三種の神器「運河・ガラス・寿司」なのである。

「見る」は、言うまでもなく先ほど紹介した運河である。そして「買う」では、かつて漁船用のランプや網の浮き玉としてつくられていたガラス玉が、北海道のエキゾチックな季節感ともマッチし、その技術を転用したガラス工芸品が小樽土産の代表格として定着した。最後の「食べる」

は、全国で初めてという「食」の名所「寿司屋通り」である。

二一店舗が通りの両側にひしめく寿司店で、地ネタを使った北海道寿司が振る舞われている。新鮮で旨い魚介類を使ったネタが、それまでの「江戸前寿司」のイメージを打ち破り、観光客に北海道の近海で捕れる「新鮮で旨いネタ」の醍醐味を提供する場となった。寿司ネタとしては、小樽にかぎらず札幌や歴史のある函館、水産業の基地釧路など、近海もののネタを提供する場はたくさんあるのだが、観光の「三種の神器」として取り込まれたことで、食の新名所「寿司屋通り」の存在が大きくなった。

観光の「三位一体」とも見られる「三種の神器」というパーソナリティーによって、小樽観光はそれまでの三〇〇万人から一気に九〇〇万人もの観光客に膨れあがった。「寿司屋通り」の仕掛け人であり、小樽一の施設規模をもつ老舗「おたる政寿司」の二代目当主である中村全博は、小樽の観光ブームを次のように説明する。

運河通りを巡る人力車

小樽大正硝子館

小樽名物の一つとなっている「小樽寿司屋通り」

「発想のもとは、札幌には地元の食をアピールする〝ラーメン横丁〟があるのだから、小樽では、寿司屋の暖簾が並ぶ通りを寿司屋通りにしたら似合うぞと言ったことです」

いち早くマスコミで紹介され、それまで小樽運河で全国に知られたこともあり、小樽の「寿司屋通り」には観光客が大挙して訪れるようになった。

「小樽の観光客の入り込みは、平成一一年がピークです。平成元年からはじまったバブル景気で、うちの店の前には大型バスが五〇台並びました」

当時は、貸し切りの団体観光客が八割、個人客が二割を占めていたという。一九九二（平成四）年に東京でバブル経済が弾け、それから三年後の一九九五（平成七）年に北海道も弾けた。そして、その二年後に北海道拓殖銀行が倒産し、北海道経済の冷え込みがはじまった。中村社長は、最近の観光スタイルについて次のように述べている。

「個人客が八割で、団体客が二割です。バブル当時と比べ、各旅行会社の営業方針も一変しました。それまでの団体バスから、一気に個人で参加するバスツアーへと変わりました」

ちなみに、「寿司屋通り」の名が付され、マスコミで全国に流されたのは一九八六（昭和六一）年のことである。現在の「寿司屋通り」に位置する老舗、新店舗も含めた二一店舗が共存共栄を図るために「魚供養」の例祭を催したのがきっかけで団結し、各店舗が自前で「寿司屋通り」の標識石塔を建てたのがそもそものはじまりである。場所は、現在一部が暗渠となっている妙見川を挟んだ花園町の通り二〇〇メートルである。

やらねば何も変わらない。では誰が?

簑谷は、斜陽都市小樽を救った「若き獅子たち」を簑谷流に展示してたたえているわけだが、そこには「斜陽都市　小樽」と呼ばれることへの強い憤りがある。「斜陽都市　小樽」を救った若き獅子たちについては、自ら筆をとってパネル化して展示している。その全文を紹介しておこう。なお、現代の「若き獅子たち」については次章で紹介させていただく。

石炭積出港として栄えた小樽。北洋漁業が去り、金の玉子と呼ばれた若者達が集団就職で故郷を離れて行く。地元に就職先があれば……と嘆く母親の悲しみ。道内に於いては、官公庁の所在地である「札幌一極集中」が始まり、市民の誇りであった銀行街や問屋街が一夜にして消え去った感のある寂しさ。永い低迷の時代が始まり「斜陽都市小樽」が代名詞となった時代。多くの心ある市民に、切なさと深い焦燥感を抱かせることになった。

そして、〈やらねば何も変わらない。ではだれがやってくれるのか〉と問いかけ、〈街並と運河とガラス〉を掲げている。「街並」は俺がやると、秘めた思いがのぞく文章はまだ続く。

二十年に渡る小樽を二分した運河論争は、市民に危機感を高めながら結果的に小樽の知名度を高め、全国に知られる処となった。進める側も、守る側にも、共に将来を憂い良かれと真剣に考えた結果であり、そこには勝者も敗者もなく、心した人々全てが憂国の獅子達であった。

しかし、運河論争だけで「観光が基幹産業」に成れた訳ではないことは明白でありましょう。幸いにも多くの挑戦者達のお陰で七〇〇万～九〇〇〇万人とも数えられる観光客が、来樽し全市民に多大な恩恵を与えてくれる観光都市小樽。当時誰が想像し得たであろうか。「観光が基幹産業」と市長が宣言されたことを踏まえ、なぜ斜陽都市小樽が「観光が基幹産業である小樽」になれたのかの検証をきちんと成すことにより、次の世代に向けた目標と行動計画が立案されなければならないと思う。

云う迄でもなく、基幹産業と云いながら地元経済界の観光産業への参入が極端に少なく「他都市よりの投資に支えられた観光の街」であると云う事を真摯に受け止めなければ、将来に禍根を残すことになるであろう。

功労者数多くの中で、小樽の産業遺産である「ガラスと石蔵と歴史的町並」を融合させ「青雲の志」と「大変なリスク」を背負いながら果敢に挑戦した若き獅子の成功がなかったなら、今の小樽は別な状況を挺していたかも知れない。（「小樽歴史館」の説明パネルより）

何やら、後半部分は簑谷自身の「遺言」とも思える内容だが、実は簑谷自身も「若き獅子」として果敢に挑戦してきた一人なのである。そして、小樽の産業遺産の一つであるガラスについては、自らが綴った詩において「北一硝子」の浅原社長に対する熱い思いを訴えている。

おのこ

むかし東《あずま》の端《はっ》散る処おたるないという湊あり
少しく聞こえし土地《くに》なれど　久しく振るわず
落つるにまかせ皆々　都にぞと流れけるに
心あるものなげき　人物《ひと》の出ずるを待つ
ようよう一人のおのこ浅き原より北の一位とならん
おのが才覚にて　浄土なるぎやまんをば並べたるに
皆々おもろき心きらめき　清浄なる風情にて

遠国よりも　つどい　あつまり　楽しめり
あやかりたしと商人共《あきんどども》　一所《いっしょ》にむれ　市をなす
むかしに戻り　げににぎわいける

されどその労　心する者少なくねたみ多きは
世の常なるを　存外なり　我はゆけり
笑ふ　意気こそ　おのこなれ

（修子）

この詩が、簑谷の志と重なる、堺町通りに面した観光都市小樽の先駆的功労者である「北一硝子」への熱きエールと思うのは筆者だけではないだろう。

第7章

自前で仕掛けた街並み再生

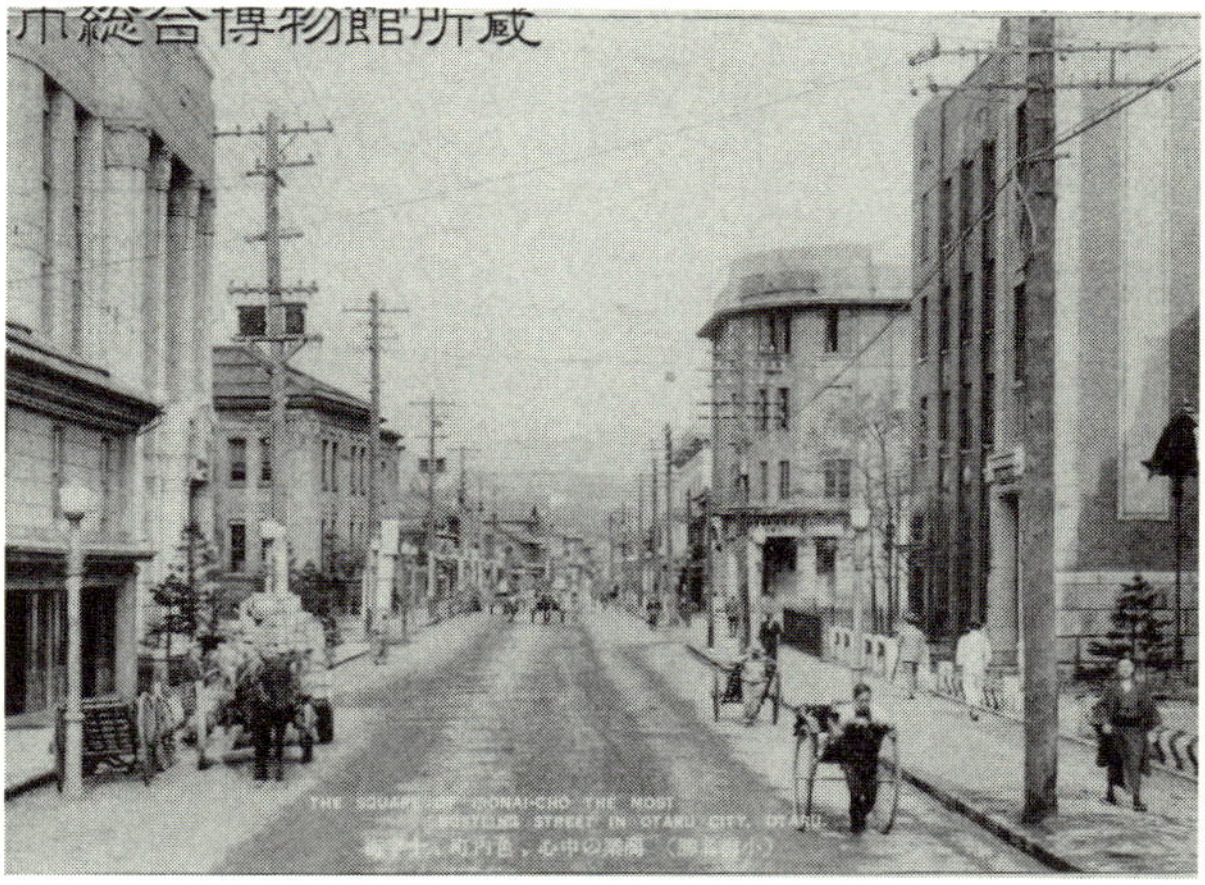

大正時代の色内通り。簑谷の目指す街並み再生は復古から

先に死んでゆく大人には務めがある

これまで読まれた読者のみなさんは、「利尻屋みのや」を開業した当時の簑谷は遊び心たっぷりに商売を楽しんでいるように思われたかもしれないが、じつはいち早く商売を軌道に乗せるために大車輪の毎日であった。事業の完成を口に出す余裕など、見受けられなかったのだ。

今、簑谷は、「先に死んでいく大人の務めがある」と口癖のように言う。まるで、人生の総決算の証を残そうとしているかのようである。

「次の世代に何か足がかりを残してやるのが、先に死んでいく大人の務めでしょう。年金をもらい、パークゴルフで遊んでいるのもいいですが、たった一度の人生、それじゃ空しいじゃないですか」

夢中で昆布屋を営んできた商売の行く末には、後継者を育てることと、先駆的にやり遂げたがゆえに伝えるべきものがあるというのだ。

「自分の企業を守るためには、地方自治体が発展しなければなりません。自分の企業を守るということは、小樽市を守るということにつながります。かつて華僑をもじって『樽僑』と言われた小樽商人の気概は、どこに行ってしまったのでしょうか」

心を痛める簑谷からの若者への「遺言」であり、足がかりを残すのが「出世前広場」の建設であり、「小樽ルネッサンス」として、先人が残した産業遺産を再活用して小樽経済を観光産業都市として甦えらせることに心血を注ぐことが今も簑谷の目線となっている。「小樽をふるさと」と呼ぶ簑谷の想い、この言葉に凝縮されるわけだが、商人として開眼した街「小樽」に対する恩返しとも映る。

小樽花柳界を偲ばせる妙見川に柳と太鼓橋

「観光客が訪れる運河沿いや堺町通りの横のラインに対して、縦のラインにも観光客を呼ぼうというアイデアから、旗振り役を仰せつかって妙見川の再開発を行っています」

「おたる政寿司」の当主中村全博の言葉である。店舗は花園一丁目一番一号の角地に位置している。かつて、店の隣を旧国鉄の手宮線が走っていた。

手宮線とは、一八八〇（明治一三）年に日本で三番目の鉄道として開業した「手宮―札幌」間の鉄道のことである。さらに、北海道では空知地方に位置する幌内炭山の石炭を運ぶために一八八二年に幌内鉄道の「幌内（現在の三笠市）―小樽」間が開業し（一八八九年からは北海道炭鉱鉄道の所有となり、一九〇六年に国有となる）、手宮駅には貯炭場が広がり、海陸連絡貨物の取扱駅として道内一の大貨物駅となった。

そして、一九〇三（明治三六）年に「高島（現小樽駅）―余市」間が開通し、翌年に「高島―小樽（現南小樽）」間の開通によって函館本線が全通した。現在のＪＲ「小樽駅」という名称は、高島駅を皮切りとして、稲穂駅、中央小樽、小樽中央と名称変更が行われたのちに定められたものである。「小さいころ、鉄道に轢かれそうになったことがありましたよ」と笑う「おたる政寿司」当主の中村だが、花園町の境を走る鉄道は中村家の側を走っていたのである。一九八五（昭和六〇）年の手宮線の廃止後、部分的には線路が取り除かれたが、軌道跡は今もその一部が残されたままとなっている。『小樽市史』によると、「小樽」の地名はアイヌ語の「オタ・オル・ナイ」（砂浜の中の川）に由来するとしているが、現在の小樽市の中心部を指しているわけではない。現在の小樽

「寿司屋通り」から望む旧手宮線跡（左側）

市と札幌市の境界を流れる星置川の下流である小樽内川を指していたが、「小樽内」、「尾樽内」、「穂足内」と地名や市街地の変遷を経て、現在の小樽に落ち着いた。また、堺町と色内町間を流れる妙見川は、かつて「於《お》古《こ》発川《ばちがわ》」と呼ばれ、この川を境に小樽郡と以西を高島郡・忍路郡とに分かれていた。

その妙見川の河畔には、一部だがしだれ柳が川面まで垂れ下がっている。大正・昭和戦前、花園町から続く歓楽街のなかを流れる両岸には料理屋が連なり、その窓からは弦歌《げんか》が聞こえてきた。人力車で行き交う芸妓の姿や、夏の夕暮れともなると浴衣姿で涼む小樽っ子の姿もかつては見られた。そんな風情を取り戻そうというのが「妙見川復活運動」である。

その第一弾として河畔に柳の木が植えられ、第二弾として「太鼓橋」が設置される予定だという。妙見川は、大正の街並みが続く堺町通りを経て小樽運河につながるが、堺町から花園町の「寿司屋通り」を望み、川に架かる朱色の欄干に太鼓のように盛り上がった木橋を眺めながら続く河畔沿いの散

妙見川沿いに立ち枝を広げるしだれ柳

策は、小樽の粋な名所になりそうだ。ただ、寿司屋通り沿いの妙見川には蓋が被せられ暗渠となっており、その一部が市営駐車場になっている。筆者としては、これは何とかして欲しいと願っている。

日本一の「大正の街並み」を

「本当にふるさとを愛するということは、自ら血と汗を流さないとだめだということです」

簑谷の唱える街並みづくり構想は、さらに熱が入る。妙見川をまたぐ橋からはじまる堺町通り、つまり「色内大通り」から「小樽オルゴール堂」までの約二・五キロメートルを「大正時代の街並み」に戻そうというのが、簑谷のそもそもの構想であった。

「行政ともタイアップしてやりたい。行政は、条例を整備してやりやすくしてくれればいいだけです。投資は民間がやります。つまり、行政にとっては一番金のかからない方法なのです」

現在も残る古い建物や過去にあった建物のデザインを「小樽市街づくり推進室」に起こさせる一方で、簑谷自身も知人に街並みのデザインを依頼し、二・五キロメートルの全体像をイメージする作業に入っていた。

「小樽ルネサンスです。これを実現することで、小樽は五〇年間にわたって観光都市として生き延びることができますね」

簑谷の発する言葉は熱い。この小樽ルネサンスのキャッチコピーが、「街並みは産業・街並みこそ文化」である。そのために五億円の借金をして、核となる施設「出世前広場」を造ったのである。

「ここを手付けにして、ここからはじめようと呼びかけています」

簑谷が「出世前広場」の建物群のモデルにしていたのが、大正期から昭和初期にあった「都通商店街」の電気館（映画館）前の仲見世の賑わいである。建物デザインの根拠を、「出世前広場」の案内文面で次のように説明している。

堺町通りと有幌町との境目に立つ小樽オルゴール堂。
旧共成の本社ビルであった

再現された建物は、明治政府がエゾ地開拓に、外国からの指導者を招いた中に米国人が多く、アメリカナイズされた和洋折衷のデザインを取り入れたファザード（建物外壁飾り）デザインです。

街並みを造るという壮大なプランは、当然、行政を動かさなければ不可能である。しかし、まずは民間の団結力で基礎づくりをし、そのうえで行政の役割を担ってもらうというのが簑谷の考えである。計画をひけらかしたり、絵に描いた餅を示すだけでは何も実現しない。そのため簑谷は、「おたる再生　炉ばた放談会」を立ち上げて、「若者が街をつくる」ためのコミュニケーションを図る場を提供した。

「自治体は自治体住民が守りましょう」と、小樽市民の一人として民間の器量を出し合い、かつての小樽商人が世界の相場を相手にした気概をもって立ち上がろうというプランである。その下支えとして、簑谷の経営理念や商いの手法が生かされている。「おたる再生　炉ばた放談会」の趣旨はプリントされ、左記の図のように提言されている。

「おたる再生　炉ばた放談会」のテーマとして挙げられるのは、膝を付け合せながらの商売の話、少子化、職人の街、果てはホラに至るまであり、自由な意見交換の場として簑谷が場所を提供して開かれている。仕掛け人として「若者」を据え、裾野を広げていこうというのが狙いであるが、色内大通りから堺町通りの二・五キロメートルの街並みを、現在に残る歴史的な建造物や構築物を取り入れてその景観を生かし、再生するための仕掛けとなっている。

　簑谷が掲げる「理念と方針」を紹介しておこう。そのモットーは、「街並みは産業・街並みは文化」であると、さまざまな機会に発言している持論である。

❶間もなく破綻しようとしている小樽市の財政改善のため、市内客を含む観光客を増加させ、小樽が再び蘇るための情報を全国へ発信するための活動を行う。

❷明治新政府の北海道開拓に着手して以来の歴

「おたる再生　炉ばた放談会」

一、**お金のかからない　お金の入るはなし**
　―世のお母さん達はお金持ち

二、**文化の伴わない　経済の継続発展はあり得ない**
　―街角の小さな博物館方式

三、**柳の下のゆかた美人**
　―水辺活用で客は倍増・情緒乏しき小樽の街

四、**大正モダニズムのススメ**
　―小樽は最短距離にある　小樽は国際港

五、**男の色気　女の色気**
　―楽しみ良ければ全て良し　少子化は国家を滅ぼす

六、**「職人の心」が街を再生する**
　―誇りで成すことと　儲かる為に成すことの違い

七、**掃除をしなくなった　日本人**
　―日本人の心の故郷は・もったいないと思う心
　・有難い　と思う心
　・公共の場所をきれいにする心

八、**治安と街作り**
　―治安はスローガンに成る　「日本一　安全な街宣言」

九、**ホラは文化に成り得るか**
　―「ホラ」と「ウソ」の違い　江戸の町人文化

十、**困った時は歴史に聞け**

若者が街を作る！

自治体は自治体住民が守りませう

史が凝縮された風土と街並みを守り、復活させることが経済再生のために最重要課題であるとの認識を共有する。
❸港湾部を含む北浜・色内・堺町、この狭い市街地に集約されている歴史的建造物・構築物の多さで構成された街並景観を大切にする。
❹上記❸を考慮されたデザインでこの出世前広場は造られており、これらの風景に似合う、明治・大正・昭和の時代を意識した内装・外装と営業活動などを行う。

この理念が、簑谷の掲げる「大正の街並み景観」を再生させる基本となっている。これをベースとして、「出世前広場」の外観デザインを大正風のものにした。市内の北浜・色内・堺町に残る明治・大正・昭和の建築物を主軸とし、新たに加える場合には、これらと風景が一体化するようにデザインを統一するというものである。

この「大正の街並み景観」構想は簑谷の発想が原点となっており、街並みを再現するだけでも、堺町や運河に来る観光客を中心とした経済効果は大きいと言える。

「街並みだけで十分ですね。カニ、ウニ、メロン、チョコレートなどの土産もいいですが、もっとセンスのある遊び心が必要となります」

商店街にとっても客の裾野が広がることで経済の活性化が進むので、結果的には一番得するのも商店街のはずなのだが、現在のところ「歯牙にもかけられない」と簑谷は笑っていた。

小樽再生のための発信基地

赤字財政に悩む小樽市が夕張市のような赤字団体に陥りそうな現状を見て、自治体の救済策になればと、一人民間人の立場で購入した不動産投資額が先にも述べたように「五億円」となった。しかし、こうした不動産所有も簑谷にとっては計算づくのものであった。自前の不動産や店舗を持たないと不都合が多く、自由に改造することができないからだ。ちなみに現在、本店と「大正クーブ館」は借家だが、堺町通りに面する「不老館」と「出世前広場」は自前で建てたものである。

「少しは不動産を持たないと銀行に信用が付かないという事情もありましたから。それに、開店当初は北一ガラスの周辺にしかなかったのですが、通り沿いに街並みをつなぐことにしようと、多店舗展開をはじめました」

このように言う簑谷の発想は稀有壮大である。小樽を再生させるためには、まず情報の発信基地をつくろうとの熱い思いが込められているのだ。そのスローガンも紹介しておこう。

起業家育成——若者に起業させ、小樽市への雇用と税収の増加を図る。
異業種参入——小樽市内の経済界が観光産業に参入することで税収の増加を図る。
結婚の促進——若者の奉仕活動の拠点をつくり、出会いの場を提供して人口増を図る。
移住者定住——小樽へ移住する人への商業の場を提供。

このスローガンをぶち上げた簑谷にとっては、自らの手でその「場」づくりをはじめなければならいという構想に自縛されることになり、男気一つで「五億円」もの投資をする結果となったのである。「口は災いのもと」と自嘲するが、自ら旗振り役を買って出て、他人に依存しない街並みの核づくりに大枚をはたき、汗を流すことになったわけである。ここにも、「先に死んでいく大人の務めがある」という精神がのぞく。

このスローガンの冒頭にある「起業家育成」について、ちょっと面白いエピソードを紹介しておこう。

数年前の三月、日本一小さな国立大学「小樽商科大学」の「一日教授会」に出席して「てい談」をやった折りのことである。この年に卒業した学生の就職率は日本一であった。「就職難」という言葉が世間を賑わしているときのこと、もちろん自慢できることである。当然のように、学長はそのことを自慢げに語った。しかし、簑谷は異論を挟んだ。いったい何ゆえであろうか。

簑谷が言うには、「小樽商大を卒業して就職したからといって自慢になりますか。ほとんどの学生が札幌をはじめとした他の大都市に行ってしまい、小樽には残りません。それに、商科大学ですよ。どうせなら、起業率日本一を目指すべきでしょう」ということである。この話を聞いた筆者は、思わず「なるほど！」と言ってしまったが、行政の方をはじめとして読者のみなさんはいかが思われるだろうか。

小樽にある大学を卒業した学生を、市内で起業させようと考えている簑谷のスローガン、まさに壮大である。そのためにも、行政だけではなく、商工会や市民のバックアップが重要となる。

大正・昭和の建物で装った「出世前広場」

これまでにも紹介してきた「出世前広場」について、その全体像をここで詳しく説明しておこう。

堺町通りの南側四五〇坪のうち、半面に駐車場を置き、残り半面に大正・昭和風の建物を建てた。縦に長い棟を二棟、その建物を受けるように「戦後焼跡のバラック長屋」一棟を横向きに建て、コの字型の広場を形成する商店街とした。

2008年当時の出世前広場 見取り図

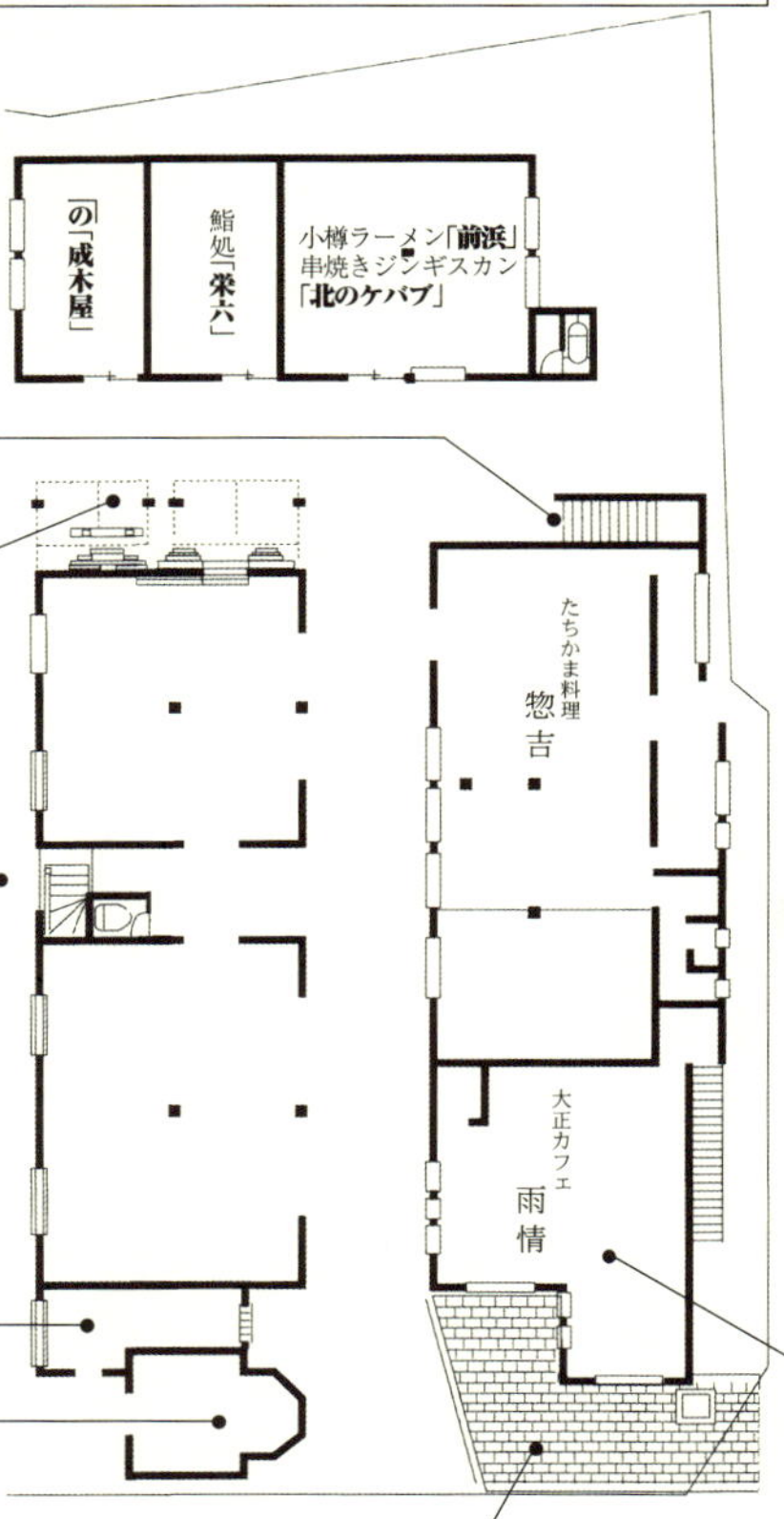
「御宿櫻井」入り口
「昆布教の社」
美と健康と学業の神様
「幸せを呼ぶ鐘」
2階テラスに幸せの鐘
—出会い・恋の芽生えの予感—
「拘置所」
ニセ署長の好みの女性
だけが入れるところ
昆布省警務局
オイッコラ交番
大正カフェ「**雨情**」
古材・古民具で大正
を再現（当初）
オープンカフェ
美人が通ると指笛を吹く
ようなダンディーな不良
老人が集まると楽しい。

まずは向かって右の棟、堺町通りに面して当初は「オープンカフェ」が設置されていた。簑谷流の解説はこうなっている。

——美人が通ると指笛を吹くようなダンディーな不良老人が集まると楽しい。

その隣が大正カフェの「雨情」だが、この店についての簑谷の解説（建設当初の配置）は次のようになる。

——大正モダニズムのファァザード（表面飾）・床材とカウンター材は大正時代の建物より・天井の高さ三・三米の格子天井・家具、調度品は大正〜昭和初期のものを多く使用・モガ・モボの雰囲気の中でコーシーにビイルに蓄音機。

建物に続き奥が、先にも紹介した簑谷直営店の「たちかま料理食事処　惣吉」である。

——「マオイ会館」エゾ地酪農開拓の歴史そのもの、約一二〇年前の馬追酪農会館を北海道長沼町より移築。目を見張るような黒光りする構造材に当時の先人たちの苦労がしのばれます。

そして左側の棟、堺町通りに面して「昆布省警務局オイッコラ交番」がある。

――貴女は素敵なので逮捕します！…とヒゲのニセ署長がプッと吹き出すような逮捕状を発行。

との能書きが、大人の遊び心をくすぐる。この交番の奥には〈ニセ署長の好みの女性だけが入れるところ〉という「拘置所」があることは先にも述べた。

棟続きの隣は、二二坪の「和洋折衷のデザイン」として「小樽歴史館」（一四九ページも参照）とイベント用の「特設会場」があり、こちらも開放されている。そして二階には、「生活道具館」が設置されている。

――下見板張り・スティック飾り・寄せ棟屋根・軒先屋根には雪庇《せっぴ》止めコイルが施行されている。

とあり、こちらもテナント用の設備が施されている。今のところは昔の生活道具などが展示され、手で触って確かめられる家具や調度品、そして道具類が所狭しと並べられている。

隣の階段を上ると、テラスに備え付けられている「幸せを呼ぶ鐘」がある。〈恋人を招く幸せの鐘、人類の幸せを祈る鐘でもあります〉というから、若いカップルの「隠れ名所」にしたいのかもしれない。

同じ棟の奥も、現在テナントを募集中ということだ。一九一九（大正八）年に造られたもので、日本海に面し、かつて「鰊の千石場所」とも言われた寿都町にあった清水薬局の土蔵を移築したものだが、栄華を物語る建物としてリサイクルされている。

そして、突き当たりに立つのが「戦後焼跡のバラック長屋」。〈貧しくとも助け合い、一生懸命に働きました。人も、物もポチも大切にされた時代でした〉という簑谷の能書きから、昭和の時代をデフォルメする印象を与えてくれる。三店舗の入居が可能なのだが、現在は「木彫細工工房金の成木屋」だけが営業を行っている。

この「出世前広場」という名前の由来について、簑谷は次のように説く。

この広場の背後に小高い丘があり、そこへ登る道を当時「出世坂」と呼んだそうです。古老の話によると、この丘に明治～昭和初期に財を成した経済人が競って豪邸を構えたことからそう呼ばれたとのこと。♪身を立て・名を上げ、やよはげめよ♪～。企業を起こし小樽財政を豊にしてくれる人たちが生まれることを期待して「出世前広場」と名付けました。

小樽という街は海岸段丘のため、堺町通りのすぐ背後には丘が続く。その丘を登った坂の上には水天宮があるほか、先にも述べたように「海運王」と言われた板谷宮吉（一八五七～一九二四）の邸宅や「小豆将軍」と呼ばれた高橋直治（一八五六～一九二六）の別邸[1]となった建物など、小樽湾を一望する豪邸が当時は立ち並んでいた。そのため、この丘に登る坂を「出世坂」と呼んでいた。

簑谷は、この丘の下にレトロな商店街を造ったわけである。そしてここが、「起業家育成――若者に起業させ、小樽市への雇用と税収の増加を図る」場なのである。小樽の若者、いや全国の若者、この商店街で起業を目指そう！　簑谷は、その応援歌とも言える詩を詠んでいる。

旧板谷宮吉邸から「出世前広場」を望む

北の小樽の出世坂

㈠
板谷宮吉／出世坂
旅順《りょじゅん》に沈めし／愛船《いとしぶね》
北の黎明《れいめい》／背負いたち
国の未来を／学舎《まなびや》に
曙《あけぼの》告げる／長橋《ながばし》の鐘
北の小樽の出世坂

㈡
小豆《あずき》将軍／高橋が
相場にかけた／テムズ河
国の安寧《あんねい》／願いをこめて
拓殖興産《たくしょくこうさん》／夢追い人の
北の小樽の出世坂

㈢
北の防人《さきもり》／鉄路《てつろ》の敷設《ふせつ》
武揚《ぶよう》の憂《うれ》い／廣井《ひろい》の堤《つつみ》
啄木《たくぼく》嘆き／雨情《うじょう》は詩《うた》う
身を立て名を上げ／夢追い人の
北の小樽の出世坂

詩に挙げられている人物を紹介しておこう。「板谷宮吉」と「小豆将軍高橋」は前述のとおりである。「武揚」は明治の政府高官の榎本武揚（一八三六～一九〇八）、「廣井」は小樽港の堤防を建築した土木工学博士の廣井勇《いさむ》（一八六二～一九二八）、「啄木」は明治の歌人で〈小樽日報〉

（1）その後、やはり財閥人の一人でもある寿原邸となったが、現在は小樽市に寄贈となり、歴史的建造物として一般に開放されている。

の記者をしていた石川啄木（一八八六～一九一二）、そして「雨情」は、啄木と同じく〈小樽日報〉に勤めていた詩人の野口雨情（一八八二～一九四五）のことである。

　前章でも述べたが、このような人たちが小樽という町で活躍していたことがあまり語り継がれていない。そのような現状を憂い、簑谷は敬意を表して「小樽歴史館」でパネル展示などをしながら現代の人たちに訴えているのだ。とくに、簑谷の思い入れ深いコーナーが、「小樽の若き獅子たち――小樽を作り　今に伝えた勇者達の記録」である。「小樽の若き獅子達」と尊称する簑谷の姿勢から、現代につながる小樽商人を「人的遺産」として高く評価していることが分かる。

　ここでは、現在の小樽において欠かすことのできない企業（人物）を、展示コーナーに掲げられているパネルに基づいて紹介していく。まずは、簑谷の思いを託した詩から紹介したい。

この街はどのようにして
出来たのだろうか
どんな喜びが
どんな哀しみが
この街を作ってくれた
人々の苦労を

知りたいと思う
安心して暮らせる街に
私も参加したい
今ここに居るのだから
（修子）

この詩が掲載されているパネルには、「歴史は歴史家の研究対象である前に、未来に生かすもの」と書かれた簑谷の言葉がある。これまで、「歴史から学べ」と言う研究者や評論家には数多く会ってきた。あまりにも当たり前すぎて、この言葉から歴史を学ぼうとする人は少ないだろう。しかし、「未来に生かすもの」と言われると、筆者は思わず歴史を学びたくなってしまった。

このような心理変化を促すような記述も見られる。

約一四〇年前、明治新政府は、日本国が欧米列強の植民地化を免れる為には学問が必要と考えた。この小樽でも「子弟に高等教育を」「小樽に最高学府を」と、当時、函館と競い合って土地と建物を寄贈し開学したのが小樽商科大学である。この先人たちの血の滲むような「志」を想い出し、かつて中国の華僑に準《なぞら》えて「樽僑《そんきょう》」と呼ばれ畏敬《いけい》された「小樽商人」。

――その気概を取り戻し小樽再生に行動を起こすことが必要であろう。

歴史の重要性を伝えるパネルは、次に紹介する三つの目的で締められている。

①先人達の偉業を学び、次代を担う若者達の育成と起業家精神の高揚を図る。
②小樽の歴史を学び、小樽市民の誇りと愛郷心の高揚を図る。
③現在活躍している企業の紹介を通して、小樽の知名度向上を図る。

それでは、③に書かれている「現在活躍している企業」を以下で紹介していくことにする。「小樽の若き獅子たち」がどのようなプロセスを経て、現在活躍をしているのか。筆者も「小樽歴史館」のパネルを見るまでは知らなかった企業の数々、その歴史背景とともに学んでいただきたい。

共成製薬株式会社 ――小樽の若き獅子たち①

堺町通りが有幌町とつながる交差点の角、観光名所の一つであり、歴史的建造物に指定される煉瓦造りの「小樽オルゴール堂」がある。この建物は、一九一二（明治四五）年に建築された「共成株式会社」の本店であった。

共成の創業者は、富山県出身の沼田喜三郎である。一八八一（明治二四）年、北海道の株式会社の嚆矢《こうし》とも言われる共成株式会社として設立され、明治・大正・昭和の三時代において繁栄をほしいままにした米穀会社である。

小樽に陸揚げされる大量の本州米は、玄米のまま道内の各地に運ばれていったが、現在のような精米技術は普及しておらず、石臼でついて白米にする方法であったと言われる。ここに「商機あり」と見た喜三郎は、早速精米事業を興こし、創業一〇年で道内各地に支店や精米所を拡大していった。東京以北の最大の米穀会社に成長するとともに、現在の「小樽オルゴール堂」の建物を拠点として共成の全盛期を迎えた。

だが、昭和一〇年代（一九三五年～）に入って戦時体制へと進むと、米穀事業への統制もはじまり、事業の多角化を図

沼田喜三郎と現在の共成製薬株式会社本社

らなければならなくなった。そこで着目したのが、北海道の豊かな水産資源の一つである昆布などの海藻であった。

一九三七（昭和一二）年ごろから、現在の北海道大学水産学部の前身である「函館高等水産」の鈴木昇教授の指導を得て、研究員であるとともに薬剤師であった芝健三（のちに常務）が函館大森浜の実験場で昆布などの海藻からアルギン酸やヨウドなどを抽出する研究に着手し、一九四〇年に「函館試験工場」を操業するとともに、翌年には共成製薬株式会社所在地でもある小樽市奥沢一丁目にアルギン酸工場を建設して、工業用、食品用の製品化を目指した。

戦時下での混沌期も細々と研究が続けられ、一九四七（昭和二二）年、厚生省（現・厚生労働省）から医薬品製造の認可を受けると、アルギン酸の医薬品への応用として新薬「ポリウロン」を誕生させた。

一九五五（昭和三〇）年、共成株式会社は製薬部門などを切り離すとすべての事業に見切りをつけて撤退し、その二年後に解散した。このときに、共成株式会社七〇年の歴史は閉じられたのである。

「共成製薬」として共成の製薬部門を継承した新会社はアルギン酸製剤事業に本格的に着手し、研究顧問であった札幌医科大学の高山担三教授（当時）の指導を受けて開発した、血漿《けっしょう》増量効能の輸液剤「グリコアルギン」を第一号製品として世に送り出した。

それ以来、各大学や医療機関との共同研究に取り組みながら、X線バリウム造影剤「ネオバルギン・バムスター」や消化性潰瘍剤「アルロイドG」、発泡剤「バルギン」、局所止血剤「アルト」などといった多くの医薬品を開発する、北海道では数少ない製薬企業として活躍している。これらの医薬品は、関係会社である「株式会社カイゲン」（本社・大阪市中央区道修町）を通じて、現在も全国の病院や医療機関に販売されている。

ところで、共成製薬は昭和四〇年代（一九六五年〜）に経営危機に陥り、取引先であった堺商事株式会社の支援を受け、一九七三（昭和四八）年に堺化学工業株式会社のグループ会社となっている。前出のカイゲンは、一九一四（大正三）年創業の堺化学工業の医薬グループ会社として八〇年余りの歴史を有しており、みなさんもご存じのかぜ薬「改源」は一般医薬品のロングセラーとなっている。

堺化学工業と共成製薬との接点は、一九三五（昭和一〇）年の共成株式会社時代まで遡る。堺化学は、国内最大の重晶石を算出する小樽松倉鉱山の鉱業権を取得すると、バリウム塩類の原料である重晶石《じゅうしょう》の採掘をはじめ、小樽港から堺工場に運んで各種のバリウム生産を支えてきた。しかし、品位低下とコスト高で海外鉱石に勝てなくなって一九七一（昭和四六）年に休山し、一九七九年に閉鎖している。

簑谷の着眼点も、こうした小樽発の製薬会社の創業が、小樽商人の系譜に連なる沼田喜三郎の足跡を高く評価するとともに、昆布から新薬を開発した創業者精神に感銘したからにほかならない。この喜三郎、事業の傍ら一八九三（明治二六）年に未開の地の開拓を決意し、現在の空知管内沼田町となる雨竜本願寺農場の開拓を一〇年間で請け負い、開墾委託会社も設立している。その功労を認めた北海道庁は、一九二二（大正一一）年に「沼田村」と命名し、今日の沼田町の祖となっている。

展示コーナーに掲げられる「みのやの一人言」が面白い。

北海道の一大特産物である昆布が原料とはうれしいね。それも、内臓の薬だけでなく、美容にも良いと聞けば、ここの薬を飲んだ小樽の女性はみんなクレオパトラや小野小町より美人になったりして……うふふのふ。

株式会社光合金製作所 —— 小樽の若き獅子たち②

簑谷が小樽人に寄せる「人的遺産」のモデルケースとも言える企業がある。「地域貢献型の企業モデル」と評価されている株式会社光合金製作所である。コーナーに掲げられる「不凍給水栓物語」が実に面白いので、そのまま引用した。なお、（　）内の西暦表記は筆者による。

●不凍給水栓の嚆矢――水道が敷設された歴史は五〇〇〇年前のメソポタミア文明に遡るほど古い。日本では一五九〇年に徳川家康が命じた小石川上水がその嚆矢とされる。

しかし、寒冷地に敷設された水道の凍結防止はワラなどで保護するなどの極めて原始的な方法でしか解決の糸口を見いだせなかった。

明治三七年（一九〇四）の日露戦争で、中国の大連に派遣された旭川の第七師団が持ち帰って、初めて不凍給水栓が研究されたといわれている。そして明治四二年（一九〇九）に旭川で水道が設置されたとき、初めて不凍給水栓が使用された。

●創業――戦前まで不凍給水栓は東京でつくられたものを小樽の清水産業が扱っていた。その関連会社である清水鉄工所に若き井上良次は勤務し、終戦後休職そして退職するが、良次の技術に対する回りの人々の信頼から「井上に水抜栓をつくらせてみては」という推挙によって、昭和二二年一月清水鉄工所の土間を借りて仲間三人で研究製作を始めたのが契機となる。

そして、戦後の暗澹とした世界に「光」という願いと、最終製品としての製作をという願いから「光合金製作所」と命名し、昭和二三年（一九四八）五月会社組織が発足した。しかし戦後の物不足は、油を中心とした素材の入手難や品質も荒削りを余儀なくされた。

・株式会社設立――昭和二三年五月株式会社を設立し、現在の社屋の場所を本社とした。この頃の大口需要者は炭鉱であったが、既存の本州メーカーの進出と重なり、担いで駅まで運んだり、連日の残業も耐え抜く時代であった。

・発展の系譜――技術改良、市場開拓を日夜積み重ねていた頃に、井上良次の「教育観」が固まり、全社員を対象とした教育の場という切望から、昭和四四年に北海道中小企業家同友会が発足する。小樽からは山本勉・吉村傳次郎らが参画し、そして井上が初代代表理事となるのである。

昭和三九年（一九六四）に一郎の入社とともに「研究室」が設けられ、商品開発に力点が置かれ、今日に至るまで特許四三、実用新案一二八を数える。そして一郎は

初代　井上良次　　二代　井上一郎　　三代　井上晃

昭和五四年（一九七九）に二代目社長に就任し、新たに「バルブトロニクス」なる造語を掲げ、コンピューター化への進化がなされていく。

●三代の視点——初代良次は「羅針」である。地域に貢献する技術と教育の必要性を説き、つまり技術と教育に針を定めて企業活動と社会活動を展開した。

二代一郎は「螺旋」である。技術と教育を掲げて遠心力のような広い活動の中で、ITとの融合であるバルブトロニクスの市場を拓いた。

三代晃は「羅紗」である。初代と二代が切り開いた技術と教育のエキスを縦糸と横糸に自在に編み、その結果、湯と水を同時に抜く「湯水抜栓」を開発し、また子ども（小学四年）を対象にした「水のひみつ」を発刊した。

簔谷は、井上良次、一郎の「語録」もコーナーに掲げ、「地域貢献型」の企業理念も紹介している。歴史的意義として「寒冷地の運命的ギャップを知恵と技術で解消！」と言い、社会的な意義として、「ものづくりの必要性を説く！」、「教育の必要性を説く！」と井上三代への思いを評していた。

株式会社ミツウマ――小樽の若き獅子たち③

三頭の馬の顔が並ぶブランドデザイン、「三馬ゴム」の名前で親しまれてきたゴム長靴をはじめとしたゴム靴製品などで、とりわけ北海道では馴染み深い会社である。一九六三（昭和三八）年から著名な女性タレントを起用した「ミツウマカレンダー」宣伝も斬新であったが、何と言ってもすごいのが、雪国の人々を凍傷から救ったことである。パネルに書かれている「系譜と志」に、ブランドデザインの三馬命名の由来も紹介されている。

越中（富山県）戸出町に本社のある戸出物産が明治三一年に小樽支店を設置した際に、小樽支店長として赴任したのが、戸出町出身の中村利三郎である。中村は呉服太物や衣類の商いをしながら、ゴムという当時の新素材に着目し大正八年に小樽市入船に北海道護謨《ごむ》合資会社を設立し社長に就任、昭和五年に三馬護謨合資会社、昭和一八年に三馬ゴム株式会社に発展、現社屋は昭和二八年に建設。

一方、昭和七年に吉村傳次郎が三馬仙台工場に入社、昭和九年に第一産業専務、昭和一三年企業合同で三和ゴムとなり専務、昭和一八年三和と三馬が合併し専務、昭和二四年に北斗ゴムと合併し、吉村が三代目社長に就任。

大正一〇年（一九二一）にブランドとして三つの馬をデザインした「三馬」が生まれる。そのいわれは、中国周王朝の故事に「神馬（しんめ）・駿馬（しゅんめ）・龍馬（りょうま）」という言葉があり、これが今日のドラゴンとなったといわれ、この「勇ましさ」をブランド名にした。ゴムが馬なら、それを使いこなした中村と吉村は英雄といえる。

漁業用のゴム合羽やゴム手袋、ゴム長靴といったゴム製品が北海道の漁業を支えてきた。また、厳寒となる冬季の北海道において、日常生活に欠かせないものがゴム長靴であった。そして、進化したゴム靴は、スキーの本場北海道でその文化・振興に貢献するなど、「商業で黄金時代を築いた小樽に近代工業あり！」との名声を得ることにもなった。ミツウマは、小樽のモノづくりの信頼

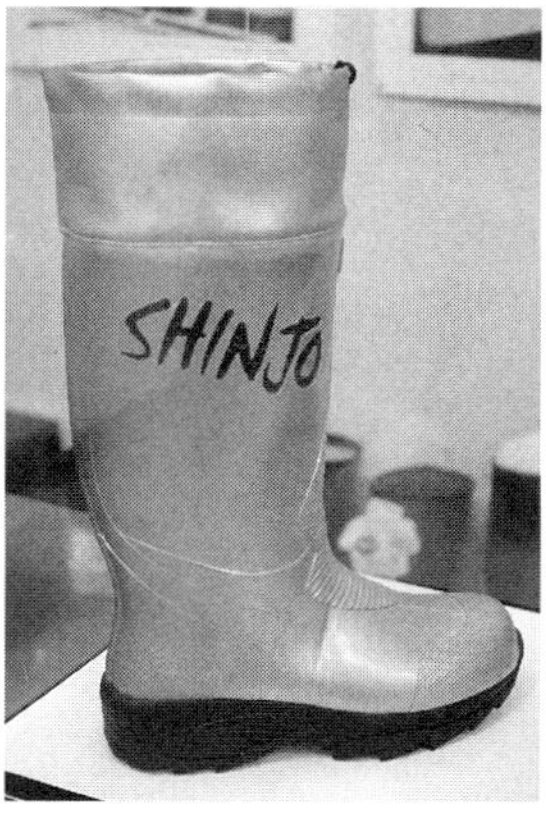

（左）小樽歴史館の入り口に掲げられている「ミツウマ」のブランドマーク
（右）日ハム時代に新庄選手が履いた長靴

を全国にアピールしてきたと言える。

今、ゴム長靴のイメージは一新された。カラフルなデザインや機能性、素材の多様化により、ゴム製品の新たな時代を歩み続けている。それが証拠に、東京や大阪といった大都市において、雨や雪の日などにゴム長靴を履いている人たちを多く見かけるようになった。すでに、「北国のもの」だけではないことが証明されている。

株式会社かま栄 ——小樽の若き獅子たち④

小樽名物の一つとなっているものに「かま栄」の蒲鉾がある。江戸後期から昭和初期まで鰊漁の繁栄に沸いた小樽だが、地域の資源でもある白身魚を製品加工した蒲鉾も、先駆けて小樽で名を成していた。

創業は一九〇五（明治三八）年、山ノ上町で小林清六により蒲鉾の製造販売が開始されたと言われる。その三年後に「かま栄商店」として商号登記されたのが、今日も続く「かま栄」の祖である。その後、営業譲渡などを経て「かま栄」中興の祖となったのが佐藤仁一である。

「昭和八年、丸井今井函館店副支配人であった佐藤仁一は、かま栄への出資および執務を依頼され経営に参画、同年代表取締役に就任」と『株式会社かま栄百年物語』（同社刊）で紹介されている佐藤仁一の人柄を、簑谷は展示コーナーで次のように紹介している。

反省・趣味・信仰そして信念――大国様をまつるが如く人に接せよ

自らの短気を戒め、度量の広い大国様に傾倒し、次第にその尊顔を見るとえもいわれぬ穏やかな気持ちになった。次第にお像収集が趣味となり、趣味が高じて信仰の念を持ったとき、仁一が気付いたのは、その穏やかな度量の広さで人に接するという信念であった。

一休禅師、是閑吉満、左甚五郎、高村東雲、高村光雲など目を見張る作品群は、約四〇年にわたって収集し、大小八五〇体にもなるが、生前の約束を守り、現社長の公亮によって出雲大社に奉納されている。

理解力が鋭く、飲み込みが早く、洞察力があり、ウイ

佐藤仁一　　　佐藤公亮

ットに富み、面倒見が良く、まさに小樽の商業界のリーダー役であった。

自ら現場で汗と知恵を注ぎ父の信念を具現化

本来理系で医者志望の公亮は、子供の頃から蒲鉾業を手伝わされ、気が付けば商店街の青年会や小樽の青年会議所という異業種の中で採光を放つ存在になっていた。それは幼い頃から父仁一に叩き込まれた「人との接し方」のおかげであった。そして、地域・業界問わず小樽で最も公職を持つ人徳を備えていく。

業務では製造現場や営業配達に至るまで、自ら責任を持って次々と出店を成功に導き、バリエーション豊かな蒲鉾の世界を創造してきた。このことは小樽の知名度向上に大きく貢献した。

二〇〇五（平成一七）年に創業一〇〇周年記念事業を行った「かま栄」は、現在も歩み続けている小樽の「百年企業」である。明治期からの小樽の歩みとともに、蒲鉾業の先駆者としての歴史を二一世紀も歩み続けている。読者のみなさんには、昆布とともに蒲鉾をお土産として買って帰っていただきたい。

北の誉酒造株式会社 ―― 小樽の若き獅子たち⑤

北海道を代表する老舗酒造の銘酒「北の誉」は、今も小樽の創業地を誇りとして酒を造り続け、野口吉次郎（一八五六～一九三三）の熱い「創業の想い」を受け継いでいる。パネルに紹介されている野口吉次郎の波乱万丈の「物語」が目を引く。そのまま引用しておこう（西暦表記は筆者）。

●苦い経験――泡と消えた酒造りの夢

安政三年（一八五六）旧加賀国河北郡二日市村（現金沢市二日市町）農業西川善兵衛・つるの四男として生まれた吉次郎は、明治一四年（一八八一）に野口家の養子となった。それまで何度かの養子縁組がなされたが、幾度も辛酸をなめ、また野口姓となってから自ら醤油醸造業・酒造業をなしたが、これも失敗に終わり、明治一九年（一八八六）借金を背負って見知らぬ北の小樽に渡道した。既に妻と子一人の所帯を持ち、あてもなくつてもなく、暗闇からの出発であった。

●必死に生きる吉次郎と彦三郎との出会い

小樽に来てからの吉次郎がこぎつけた仕事は、古着の行商や石炭人夫で、なんとか生きのび、一年後の明治二〇年（一八八七）に運命的出会いが待ちかまえていた。小樽の石橋彦三郎との出会いである。呉服・太物の商いに加え新たに醤油事業を計画していた近江商人の石橋は、吉次郎に新事業のビジョンを提案させた。その提案が見事であったことから、入店許可を得、彦三郎のもとで最低限の生活から脱しきれない貧困を、約束通り三年間を耐え抜き、とうとうその誠実さが認められた。

・辛抱の末野口商店開業

明治二三年（一八九〇）、吉次郎は石橋のマルヨ醤油販売所をまかされ、いよいよ自立して事業を推進する環境となった。果たして明治三〇年（一八九七）石橋の支援を得て五月、小樽区稲穂町に店舗を新築し、暖簾分けを頂いた石橋の醤油業に配慮して酒造業として独立した。

吉次郎の先見の明は、ますます人口の増える小樽で「多くの人に喜ばれる酒、生活に負担をかけない値段で、

辛抱の末
野口商店開業

野口吉次郎と昭和30年代の北の誉本社

暮らしの潤いとなる酒を造ろう」と開花していくのである。

・銘酒「北の誉誕生」

「西の神戸、東の小樽」とまで言われた小樽の水の良さ、石橋商店時代から培った醸造技術が活かされ、四年にわたる試験醸造の結果、明治三四年、最初の酒の醸造に成功する。〝北の誉〟の命名には、「この北の地で、褒め称えられる人、酒、酒蔵であろう」との想いが込められている。明治三五年（一九〇二）より本格的に醸造が開始された「北の誉」は大正一〇年（一九二一）に石高で堂々北海道一になる。

この創業の想いは、小樽の水とともに、今も脈々と生き続けている。

水は天狗山の伏流水、そして良質な酒造好適米「吟風」や「彗星」などの北海道産米が開発されたことにより、本州に匹敵する酒造りが北海道で可能となった。酒造好適地となり得たことで、「北の誉」独自の「麗しい酒」造りが現在も行われている。

パネルを読むと、創業者野口吉次郎の立志伝とも言える物語となっているが、今日に至る小樽商人の努力の典型のようにも映る。

近藤工業株式会社 ――小樽の若き獅子たち⑥

涙がこぼれ落ちそうなスローガンを目にした。

「港を守らなければ小樽を守れない！　小樽を守れなければ市民の安心はない！　我が社　身を挺して小樽港の守護神たれ！」

小樽で海洋土木と建築を柱として発展してきた近藤工業株式会社の「社是」とも映るこのスローガンの根底には、「近代港湾の父」と言われ、小樽港防波堤の建設者である廣井勇イズムを浸透させた理念があった。その変遷を、パネルに掲載された解説文で見てみよう。

・地域発展の礎を守り続ける！～歴代社長～

「衣食足りて礼節を知る」という格言がある。キリスト教を精神とした札幌農学校で学んだ近代港湾の父廣井勇はキリスト教の伝道を断念して工学に入り、小樽に日本人による最初の近代港湾を建設した。

この信条を歴代社長が継承し、小樽の産業と生活の第一線で今日も闘っている。

・地域発展に大同団結！～近藤仙太郎・晋一～

とかく気むずかしい人の心が渦巻く中で、「地域のため」に大同団結を提唱し、それにうなずかざるをえない人格を形成してきたのが近藤親子であった。近藤親子がいたから、地域の業界が一枚岩にまとまった。

・先人を顕彰！～土栄静雄・小澤榮～

港を創り、港を守ってきた先人を讃え、そして名も無き苦労を明らかにしてきた。

四代目社長土栄は廣井勇と伊藤長右衛門の胸像を港に移転させ、五代目社長小澤は青木政徳と内田富吉の業績を明らかにして出版した。

近藤工業株式会社

近藤仙太郎

近藤晋一

土栄静雄

小澤榮

歴代社長の志と社業を通じての社会や地域への貢献を概説しているが、具体的な「立志伝」に闘いの構図が描かれており、「小樽の黄金期を築き、今日の小樽の産業と文化を生んだのは海である」との視線を継承する姿勢が感慨深い。

初代から五代までの人物像を詳しく見てみよう。

初代・近藤仙太郎・二代晋一親子「三〇歳立志伝」

明治三五年佐渡相川町に生まれた近藤仙太郎は、昭和初期に兄をつてに来樽。張碓の金垣工務店に草鞋を脱ぎ、鉄道工事を中心にした土木技術を習得し、昭和七年に三〇歳で入船町に近藤組を創立、創業早々国鉄から熱郛～軽川間の保全工事を受注し衆目を得た。昭和二四年に近藤工業株式会社に改組し、同二八年には後志土建協会（現小樽建設協会）初代副会長就任。当時、並立していた後志土建協会と小樽建設業協会との合併を強く主張し多くの賛同者を得たが、志半ばで昭和三九年病没、この志は翌四〇年に両者が合併し小樽建設協会が誕生して実現した。

昭和三九年に晋一が三〇歳で事業を継承し、父仙太郎の貢献により小樽建設協会副会長も同時に継承し、昭和六二年には協会長に就任する。

この親子二代にわたる後志の建設業界に注いだ汗は、後年管内に重厚な公共事業請負に対応し得る技術と多くの雇用を創出し、後志の経済発展に貢献する基礎を築いた。

平成二年、晋一が急死し、妻美恵子が急遽三代目社長に就任、建設業には珍しい女性社長ながら、見事急場を凌いだ。

四代・土栄静雄

平成四年、美恵子社長に乞われて入社し、四代目社長に就任。

「人事こそ最大の武器なり」の信念のもと、全従業員の給与をアップ、さらに「人事の求心力は歴史にあり」と考え、小樽港の創始者廣井勇・伊藤長右衛門への信奉を掲げ、平成一一年の創業五〇周年事業として、「廣井勇・伊藤長右衛門先生胸像帰還事業」に寄附を実施した。

五代・小澤榮

平成一二年、乞われて大手ゼネコンの役員を辞して入社、五代目社長に就任。

公共事業が削減される中、徹底した経費削減と人材育成に力を入れ、強固な組織体質へ導いた。さらに歴史に埋もれた「青木政徳」「内田富吉」伝を自費にて出版、詳細な調査と遺族への心のこもった取材を行い、小樽港の守護神を浮上させた。

まさに「小樽港民」の精神である「公を思う心」の遺伝子がここに継承されている。

「類は友を呼ぶ」と言う。パネルに書かれている「公を思う心の遺伝子」は、簑谷修にも受け継がれているものである。それゆえの、近藤工業株式会社への思いであるのかもしれない。今さらながら、「港湾都市　小樽」を再確認した次第である。

小樽商科大学——小樽の若き獅子たち⑦

「北に一星あり　小なれどその輝光強し」と詠われる小樽商科大学のパネルがある。二〇一一年に創立百周年を迎えた国立大学は、日露戦争後の一九〇六（明治三九）年、五番目の官立高等商業学校として、東京以北に創設が内定し、青森や函館の候補地を退けて誘致に成功した。その背景には、小樽一丸となっての破格な条件を提示したという事実があった。まずは、一万二〇〇〇坪という敷地を寄附した木村圓吉、金子元三郎、河原直孝、青木乙松、白鳥永作の人物が挙げられる。そして、建設費の二〇万円は小樽区（市）が公債で捻出したというから、市民全体が相当な覚悟で「小樽高等商業学校」を創立させたと言えるだろう。

そして、一九一一（明治四四）年五月開学した。前身を札幌農学校とする北海道帝国大学が自然科学系に重点を置いたのとは対照的に、社会科学・人文科学系の高等教育機関として現在も歴史を刻み続けている。小林多喜二や伊藤整を輩出した「小樽高商」と聞けば覚えめでたいが、小樽商人が「やよめざめよ〝小樽っ子〟」の期待と大いなる願望を宿して誘致した背景を、現代の小樽市民も忘れてはならない。

・初代校長・渡邊龍聖の活躍

教育行政家として知られた人物です。校長に任命されるとき、ベルリンに留学中でした。ドイツ、オーストリア、ベルギーなどの高等商業学校を視察して帰国、一九一一年二月、小樽へ来ました。実学教育を掲げ、商業実践室で模擬実習をさせたり、石鹸工場で製品を作らせるなどユニークな教育方法を取り入れました。校長なみの高給であった外国人教師を常に数名配置する体制もつくり、外国語教育にも力を入れました。小樽の基礎を固めた後、名古屋高等商業学校の初代校長になります。

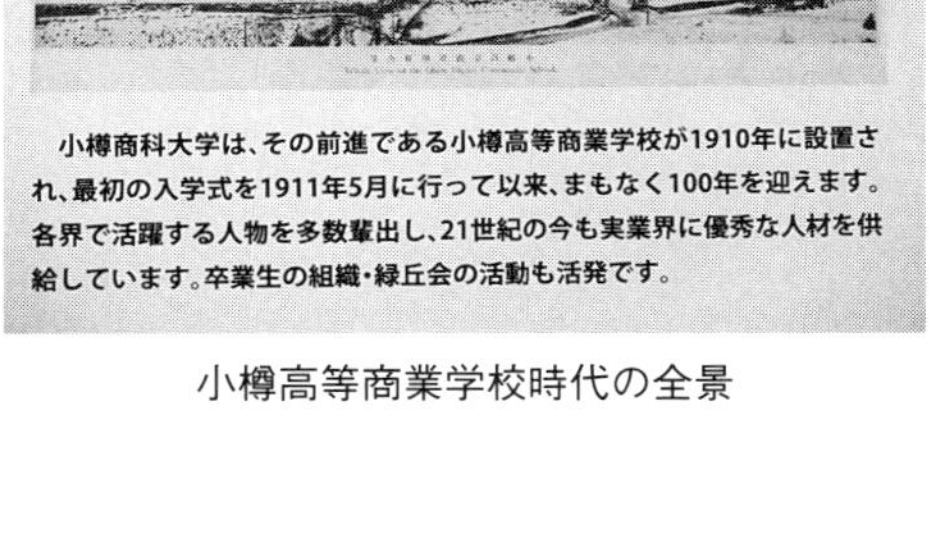
小樽商科大学は、その前進である小樽高等商業学校が1910年に設置され、最初の入学式を1911年5月に行って以来、まもなく100年を迎えます。各界で活躍する人物を多数輩出し、21世紀の今も実業界に優秀な人材を供給しています。卒業生の組織・緑丘会の活動も活発です。

小樽高等商業学校時代の全景

スキーの授業を学校教育で最初に取り入れたのは、小樽高商です。一九一二年に、のちの第三代校長・苫米地英俊が新潟県で講習を受け、一〇〇セットをそろえて始まりました。苫米地の実演には市民や新聞記者も集まり…、まもなく小樽はスキーのメッカとなります。学生は一本のストックを持って日夜練習に励み、寮対抗試合なども盛んに行われました。一九三六年のオリンピックには、ジャンプで本学最初の選手を出します。

簑谷が「小樽の若き獅子たち」と形容して止まない思いの一つに、これからの小樽を背って立つべき人材の育成がある。開学一〇〇年、「小樽高商」の歴史と伝統を刻む学び舎から巣立つ若き人材にこそ、簑谷は小樽の未来を託したいと思っているのだ。

「出世前広場」の「小樽歴史館」の壁には、小樽商科大学山本眞樹夫学長の写真とともに、「小樽商科大学に来たれ」というメッセージが掲げられている。ＯＢでもない簑谷の心情、現役の小樽商大の学生はいかに感じるのだろうか。筆者の勝手なお願いだが、インターシップかアルバイトで「利尻屋みのや」に行ってほしい。

最後の小樽商人「山本勉物語」——小樽の若き獅子たち⑧

起業家と企業を紹介している「小樽の若き獅子たち」のなかで、簑谷が唯一人物にスポットを当てたのが「山本勉」である。

「ベンさんは、まあ最大の大ホラ吹きでしょうね。夢を見てどこが悪い、ホラを吹いてどこが悪いと、ものすごいパワーを発揮した傑出した偉大な小樽商人でした」

と述べる簑谷の琴線に触れた山本勉、「ベンさん」の愛称で親しまれた人柄もまた類い稀なものであった。その「ベンさん」の歩みをパネルで見てみよう。

●旅立

山本勉は大正四年一月五日、浜益で父三松・母リテの三男として誕生した。父山本三松は福井県からの開拓農民で、恵庭に入植し、次いで浜益に移転した。

浜益での生業は半農半漁で、小樽の緑町の小林回漕店（現小林会計事務所）の代理店として運搬もしていたので生活は楽だった。昭和二年六月一五日に父が病で没し、生活は苦しくなるが、母リテは武家育ちで責任感が強く、教育にも熱心だった。勉は勉強好きで級長もつとめた。

父亡き後、勉は美唄の鉄道員の叔父力松に引き取られ、昭和七年四月岩見沢の西川呉服店に就職、同年軍隊に入り、昭和一三年にいったん小樽の竹内商店に入社し、昭和一七年に兵役解除、小樽に戻って出会ったのが見延庄一郎氏（北海道通運社長）である。

・自立

山本の運命を大きく回天する出会いである。この段階で地域遺伝子なるものが継承されたのかもしれない。そして、昭和二九年最初の依頼物件が舞い込んできた。社長死去により経営困難で倒産した北斗電機の再建である。資本は誠実さ以外なかったにもかかわらずである。これまでの繊維関係には限界に感じていた山本は、全く畑違いの業務にはむしろ新鮮ささえ覚えた。昭和三〇年一月北斗電機を北海道通信電設に改称し社長に

山本勉

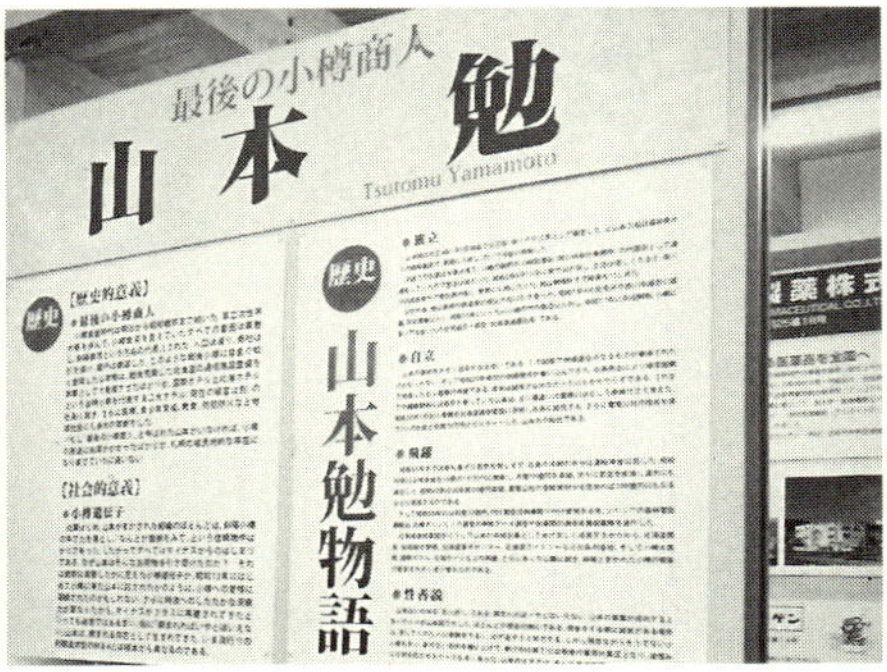

山本勉の功績を伝えるパネルの一部

就任する。さらに電電公社の指名を得て九人の社員と年商七〇万円からスタートした。山本丸の船出である。

・飛躍

昭和三五年までは夜も寝ずに苦労を惜しまず、社長の月給の半分は運転資金に回した。昭和四〇年には資本金を一〇倍の一〇〇〇万円に増資し、年商一〇億円を突破、次々に支店を拡張し道外にも進出した。昭和四二年には年商三〇億円突破、電電公社の官給資材分を含めれば一〇〇億円にもなるほどに成長するのである。

そして、昭和五〇年には年商五〇億円、ＰＢＸ電話交換機取り付け資格を占有、シベリアの森林電話機輸出、札幌オリンピック運営の中核データ通信や会場間の通信各施設業務を遂行した。

北海道通信電設がこうして山本の中核企業としてめざましく成長するかたわら、北海道商事、協和総合管理、北海道電子センター、北海道ファミリーなどの系列会社、そして小樽水族館、国際ホテル、北海ホテルなどの再建、さらに多くの公職に就き、斜陽と言われた小樽の戦後の歴史を大きく塗り替えたのである。

・性善説

山本はいわゆる「お人好し」である。頼まれればイヤとはいえない。山本の事業が成功すると多くの人々が山本詣でをした。ほとんどが借金の無心である。借金をする側に誠意がある場合は、貸してくれた人に感謝するし、必ず返そうと努力する。しかし残念ながらそうでない小心者も多い。返せない自分を棚に上げて、挙げ句の果てには借金の重荷が重圧となり、逆恨みに化学反応させるケースも多くあった。山本の大きさは、そんな卑劣な扱いにさえも「まあいいじゃないか」と歯牙にもかけない。元来の「性善説」の持ち主は「燕雀安んぞ鴻鵠の志を知らんや」を淡々と貫いた。

さらに特筆すべきは、元気な子どもが好きだった山本は、昭和三九年に日本海洋少年団北海道連盟会長に押され、全国大会を誘致し、常陸宮殿下をお招きする熱意を傾けた。

・人脈

これほどの仕事をし遂げた山本の人脈もまた群を抜いている。見延庄一郎はじめ椎熊三郎、箕輪登、保利茂、藤山愛一郎、江崎真澄、小渕恵三らの代議士、正力松太郎（読売新聞）、岡田卓也（ジャスコ）、三好武夫（安田火災）、今井道雄（丸井今井）、柴野安三郎（北海道交通）、竹内恒宏（竹内商店）、木村圓吉（木村倉庫）、松川嘉太郎（北海道中央バス）、安達

――与五郎（小樽市長）など多くの政財界の重鎮との交流も深い。山本にとって見延庄一郎が渡世上の「親父」とすれば、木村圓吉は「兄弟分」であったという。

歴史的な意義をまず述べてみよう。第二次世界大戦をはさんで小樽の繁栄を支えていたすべての要因が消え去り、「斜陽都市」の汚名に甘んじることになった戦後の小樽で、荒廃した北海道の通信施設整備を本業として大発展させたのが山本勉である。

当時、小樽を代表していた二大ホテル（国際ホテル・北海ホテル）の再生や、医療、青少年育成、教育、防犯防火などでの地域社会への貢献度の高さも評価している。しかも、「『最後の小樽商人』と呼ばれた山本がいなければ、小樽の衰退に拍車がかかったばかりか、札幌の植民地的な存在に成り果てていたに違いない」とまで喝破し、まさに戦後小樽の「救世主」とたたえている。

そして社会的な意義として、「小樽遺伝子」が一九三八（昭和一三）年に来樽してからの山本勉に託されたかのように、社会貢献についても高く評価している。簑谷が、「小樽の若き獅子たち」として推挙した列伝のなかで、あえて個人として評価・紹介する心底には、「公の志」を抱き続けて小樽に心血を注ぎ続けた「ベンさん」こと山本勉への深い敬慕の念があるからであろう。

それにしても、ベンさんは「すごい人物」である。筆者ごときが語り尽くせない魅力で溢れている。機会があれば、ベンさんのことをもっと詳しく調べてみたい。

北海道ワイン株式会社 ――小樽の若き獅子たち⑨

創業が一九七四（昭和四九）年という北海道ワイン株式会社。創業者である嶌村彰禧《しまむらあきよし》の紹介は、この展示コーナーのなかではもっとも新しい存在となる。

嶌村彰禧は、山梨県の実家でワインを醸造してきた父親のうしろ姿を見て育ち、「ドイツは欧州北部のブドウ産地だから寒冷地北海道にふさわしい」と直感し、一九七四（昭和四九）年に国内で六番目となるワインメーカーを設立した。今や、出荷量では北海道一となる二五〇〇万本を製造販売している。

原料は国産ブドウ一〇〇パーセント、空知郡浦臼町鶴沼に所有しているブドウ畑は、東京ドーム一〇〇個分となる約四四七ヘクタールにも及んでいる。ワイン用ブドウの作付け面積では国内最大という規模にまで成長させた嶌村は、「北海道フロンティアスピリット復活」を成し遂げた人物と言えるだろう。簑谷によるパネルの紹介は次のようになっている。

・ものづくりの系譜そして山側観光へ！～嶌村彰禧～

ものづくりはヨーロッパもアメリカも日本も謳歌してきた時代があったが、今日ではアジアへの猛烈なスピードで移転しつつある。そんな時代に地に足の着いた経済であるものづくりを地域に根付かせた功績は計り知れない。

空洞化した地域の経済ネタは観光しかない。すでに観光都市となった小樽は「海」を柱に形成されてきた。ここにも嶋村哲学は「海と山の一体化」として具現化しつつある。海がなければ山もなく、山がなければ海もない。山の恵みを小樽観光に提供し、自然体系と共成する人間哲学を幼児の心で、前に向かって微塵もたじろくことがない。

・無から有を！～嶋村彰禧～

山梨県でワインを醸造してきた父の遺伝子と嶋村の直感のみが契機となって日本最大のワインメーカーを創りあげてきた。小樽で葡萄が盛んに栽培されてきた訳でもなく、小樽にことさらワインのニーズ

嶋村彰禧

21歳にして立志！

■嶋村彰禧 履歴

1927年	山梨県奥野田村生まれ
1948年	余市町に移住
1955年	小樽で繊維卸「甲州」開業
1972年	オーダーメード紳士服製造「紳装」設立
1974年	国内6番目のワインメーカーとして「北海道ワイン株式会社」設立
1979年	「紳装」経営から退く
2005年	全国発明功労賞・特許庁長官賞受賞

—があった訳でもない。嶌村の自然と合体した哲学的経営は無限の可能性を我々に示した。

このように、まさに現代の小樽の「若き獅子たち」の一人として簑谷は賛辞を送っている。小樽とは縁もゆかりもないワインメーカーを立ち上げ、「ワインの丘」を造成して、小樽に新たな「山側観光振興」を図っている嶌村彰禧の視線の先を、簑谷も感動と共感の想いで見つめているようだ。その想いは、次章にて展開される「堺町通り復古」によって知ることができる。

それにしても、ここで紹介した九つのパネルを改めて読むと、簑谷が「地のもの」を強く意識し、またそれらの意義を多くの人たちに伝えるために孤軍奮闘しているように筆者は感じてしまう。行政を含む全小樽市民がこの意義に気付けば、小樽の町の未来はもっと明るいものになるのかもしれない。小樽にこだわり、小樽らしいものを追求し続ける簑谷、今日も堺町通りを歩き続けている。

第8章

堺町通り復古と利尻屋みのや

明治の建物と大正の建物が交互に立つ堺町通り。
蓑谷の理想とする昔の街並みである

観光地の顔としての堺町通り

小樽運河沿いを走る道道17号（小樽臨港線）が経済道路となっているが、観光客の目や胃袋と買い物を楽しめるゾーンとなれば、この小樽臨港線と並行して走る段丘沿いの「堺町通り」が核となる。小樽市指定の歴史的建造物が九棟、さらに軟石造りの大正時代の歴史的建造物が点在している。通りに面して、籔谷が造った「出世前広場」のほか「不老館」、「大正クーブ館」などの利尻屋みのやの支店があり、大正時代の街並みを再現させるための起爆拠点ともなっている。

市内の北浜・色内・堺町に残る明治・大正・昭和の建築物を軸として街づくりを考えている籔谷は、新規加入がある場合は、これらの建物と風景が一体化する建物デザインにすることを念願して腐心してきたが、籔谷一人の努力だけでは、堺町通りですら一致した方向性を打ち出せないできた。ところが、籔谷の長男である和臣の世代になると、その様相にも変化が生じ出した。

二〇一〇（平成二二）年八月一四日と一五日、堺町通り一帯の一一一店舗が一致団結して「堺町ゆかた提灯まつり」が立ち上げられた。土・日曜日の二日にわたって堺町通りを歩行者天国にして、若者嗜好の地域の祭りを開催したのである。籔谷は、二代目となる和臣の行動力に目を細めている。

「これまで、私たちが懸命にまとめようと汗を流してきたのですが、なかなかまとまりませんでした。それが、倅《せがれ》の世代でまとめてしまったのです。私も北一さんらも、いっさい口を挟んでいません」

堺町通りに複数の店舗や施設を構えている会社は、北の「利尻屋みのや」、中間にある「北一硝子」、南に位置し、堺町通りが途切れる場所の「小樽オルゴール堂」、そして「銀の鐘」、「ルタオ」、「大正硝子館」などがある。いずれも、かつての問屋街を偲ぶ建物を再利用した、レトロな街並みを演出する拠点となっている。それ以外にも、「岩永時計店」などが歴史的建造物や石造り倉庫などを利用して店舗運営を行っている。

街並みを文化的な景観と捉えて、小樽観光の再生に乗り出していた簑谷にとっては、やはり堺町通りの団結力が欲しかった。「いとも簡単にまとまってしまいましたね」と苦笑するが、それまで「点」でしかなかった街並みが、堺町通りと

「ゆかた提灯まつり」で歩行者天国になった堺町通り

して一体化してイベントに取り組むことで観光地としての起爆材になりえる。これがきっかけとなって、さらなる街並み保存に向かえることを簑谷はうれしく思っている。

じつは、「堺町ゆかた提灯まつり」のイベントが立ち上がった背景には、ある伏線があった。小樽市長の諮問機関であった「小樽観光プロジェクト会議」が挙げた小樽の問題点の一つとして、観光地の施設であるにもかかわらず閉店時間が早いということが指摘された。観光を市の基幹産業と位置づける以上、観光客が訪れる堺町通りで営業している店舗の閉店時間を何とか遅くできないかともちかけられたのが事のはじまりである。

店側からすれば客が来ないから早く店を閉めるだけで、閉店時間が早いから観光客が来ないという考えには承伏できるはずがない。利尻屋みのやの各店舗も、観光シーズン本番となる五月から一一月までは午前八時から午後七時まで営業しているが、それ以外は午前九時から午後六時までとなっている。

観光シーズン中の午後七時までの営業でも、周りから比べると遅いほうである。それ以降も営業するためには、夜まで続くイベントを開催して、それを常態化すればいいのでは……という考えに至り、まずは堺町通りの横のつながりを強化するために「堺町にぎわいづくり協議会」を誕生させた。

中心となって働きかけを進めたのが、堺町通りで「大正硝子館」など複数店舗を経営している株式会社アートクリエイトの代表取締役である久末智章であった。もちろん、簔谷和臣も事務局的な立場として奔走した。

「イベントをやるには若い力が必要ですから、マンパワーとして、各店の二代目や店長、店員という若い人たちが参加してくれました。この流れを、将来的には商店街づくりにまでもっていければいいね、ということでした」

祭りを彩るため、通りには昔懐かしい「浮き玉」を使った「風鈴」をたなびかせた。そして、「堺」とプリントしたＴシャツを衣装とした。歩行者天国として一般開放される堺町通りはもとより、三か所にイベント会場を用意して、ライブやクラシックカー博覧会、ゆかたコンテスト、手持ち花火大会など、若者や子どもの目線を意識した企画が組まれた。開会式は、「出世前広場」に隣接する「オイッコラ会場」で行われている。

小樽には、商都・港湾都市らしい祭りとして、六月の水天宮例大祭と龍宮神社例大祭、七月の住吉神社例大祭がある。また、市民まつりとしては、半世紀近い歴史を誇る「おたる潮まつり」があるほか、冬季の二月には小樽運河を軸とした「小樽雪あかりの路」があり、それぞれ多くの観光客を引き寄せている。そこに、新たな小樽の歴史をからませたイベントとして、「堺町ゆかた提灯まつり」が誕生したわけである。簔谷も陰日なたに応援し、堺町通りとして街並みをアピ

潮まつり（2012年夏）

「潮まつり」出世前広場前の様子

ールできる祭りの当日を楽しんでいる。

「潮まつりとは違った若者のイベントという趣向がいいですね。小樽の名物祭りとなりますよ」と言う簑谷の片手には、生ビールのジョッキが握られていた。いかにも次世代の経営者たちを応援しているという雰囲気が、言葉だけでなくその様子からもうかがえる。

このとき和臣は、「ゆかたコンテスト」を担当した。歴史的な街並みには和服や提燈が似合うとの発想から生まれたイベントである。観光客だけでなく地元の人からも支持を得たこのイベントは、延べ一万二〇〇〇人もの人を引き寄せ、大成功を遂げている。市役所や観光協会などといった官庁主導の業界的な付き合い祭りより、街中から盛り上がり、街の歴史や伝統を絡ませながら若者世代が地域一帯となって取り組む姿勢ほど爽やかに映るものはない。

原点に返って「堺町ゆかた風鈴まつり」に

二〇一二（平成二四）年夏、第三回目となる祭りの開催にあたって、その名を「小樽堺町ゆかた風鈴まつり」と趣向を変えた。過去二回の祭り以上に小樽らしい歴史的なつながりをもたせ、その特徴をもっと打ち出すためであった。

「世間では、いろんなことが模倣されていますが、歴史だけは真似ることができません。小樽の産業遺産でもあるガラスを、小樽の歴史とからめることができればという発想から名前を変えました」

和臣の思いも丁重である。小樽祝津の漁師からいただいた漁網用の小型の浮き球にグラインダーで削り穴を開け、堺町通りの若者たちが一個ずつ手づくりした風鈴――浮き球のためガラスの厚さもさまざまで、音色にも個性が現れている。

小樽の歴史的建造物を生かしたイベントとして、どこも真似をすることができない堺町通りらしさ表現するために歴史を絡めた祭り、しかも参加して楽しんでもらえる祭りの完成である。今、和臣は、観光を小樽の基幹産業に据える意義として、観光客はもとより、地元の小樽市民にこそ足を運んでほしいと訴えている。この「リアル小樽」という捉え方がこのうえなく熱い。

「堺町ゆかた風鈴まつり」で神輿に乗って
気勢を上げる簑谷和臣

小樽堺町通り商店街振興組合

祭りを通じて商店街のつながりを強化した「堺町にぎわいづくり協議会」は、商店街の連携をより強固なものにし、商店街の活性化や環境整備に力を入れるため、二〇一三（平成二四）年七月五日、八二店舗が組合員となって振興組合を設立した。理事長にはモリカワ産業株式会社の森川正一代表取締役がなり、事務局長として利尻屋みのやの簑谷和臣専務が就いた。

「なるべく全店舗に加入してほしいので、一店舗月三〇〇〇円というすごい安い組合費に設定し、高いハードルはつくらないでおこうというのが総意でした。今まで単体では勝負できなかったことも、できるようになりました。早速、ホームページを立ち上げ、イベントもやりやすくなり、商店街の裾野が広がりましたし、全国に向けて小樽堺町通りとして発信する力も大きくなりました」

堺町通りのイベントを立ち上げた一人として、また観光地小樽への思い入れの強い和臣は、利尻屋みのやの仕事とは別に対外的な交渉力を身に着け、これまで以上に観光地としての底上げを担う立場に立っている。着実に、しかもより強固に商店街の連携を深めていこうとしている和臣だが、彼なりの持論も展開している。

「小樽で生まれ育ち、外に出ていった人たちが、故郷小樽をどれだけ語れるかも問われることになります。多くの人が、自分の生まれ故郷小樽の素晴しさを語りはじめたら、そのこと自体が大きな財産になると思います。そのためには、若いうちから地元学を勉強する必要があります。地元の素晴しさをしっかりと知識として身に着けて、語ってもらいたい。小樽の素晴しさを自慢してもらいたいですね」

ほかでは真似のできない小樽の歴史に誇りをもつこと、そしてそのことを外に向かって発信していくことの重要性を説く和臣、父親譲りなのか同じく壮大である。

二代目を引き継ぐ覚悟

利尻屋みのやの二代目として、和臣は父親の経営哲学を肌で感じながら学んできた。しかし、簑谷流の昆布商の生き方、つまり「小樽の大正時代の街並み復活」を唱える父とは一線を画す堺町復古を描いている。

「商業港として栄えた当時の石造りの倉庫こそが、小樽らしさではないかと思っています。今、石造り倉庫はどんどん減らされています。それらを堺町通りに移築して、点在ではなく一か所に集約したほうが街並みとしてはビジュアル的です。歴史的建造物の保存地区としてではなく、商業地区として成り立つ街にしなくてはいけないでしょう」

歴史的建造物が並ぶ街並み区間、父親の理想をより具体的に捉えた構想を抱く和臣だが、現実化させるためにはハードルがかなり高い。また、現在の堺町通り商店街においても、静かな佇まいの街並みの雰囲気がいいと言う人もおれば、観光地なのだから賑やかな雰囲気のほうがいいと言う人もいる。さまざまな意見をもつ人たちが共存する商店街で、「小樽の街並みを守る」というだけで果たして統一がとれるのか、またどこまで説き伏せることができるのか。一面的な見方だけで結論を出そうとすることはよくない、というのがこれまでに得た和臣の認識であった。どうやら、その難しさも十分に分かっているようだ。

「ただ歴史好きのための辞書的な役割では駄目で、一般の人たちがどうやって楽しめるかということが必要です。その意味では、出世前広場で開放している『小樽歴史館』はこのうえなく

利尻屋みのや専務、簑谷和臣

いい試みでしょう」

父親の経営センスをしっかりと評価している。その一方で、店が潤う仕組みをつくる必要もあると説く。

「店が潤うためには、店の前を通る人が今の倍歩いてくれればいいのです。そして、自分の店が潤うための街づくりという視点も必要ではないでしょうか。小樽に食べさせてもらって、将来的には小樽に貢献できる店構えにし、ハザードも小樽らしさをもっと出していければいいと思っています。そのためには、相当の資金も必要となるでしょうが、兼ね合いのなかで、できるかぎり自分の店だけが目立つのではなく、小樽の街にあった店づくりが必要なのではないでしょうか」


簑谷が、「先に死んでゆく大人には務めがある」と捉えた街並みづくりへの投資、今、二代目を引き継ぐ和臣の視界には、父親の意志を引き継ぐだけの覚悟が描かれているように感じた。そんな和臣に、父親についての質問をぶつけてみた。

「父としては、それほどの記憶もないですね。社長としては尊敬できます。直観力の凄さは、とても太刀打ちできません」

エピローグ――たった一度の人生だから

歌の文句のように軽快だが、正鵠を得た問いかけをするのも箕谷流の諧謔《かいぎゃく》なのか、いや、おそらく本音であろう。仕事場を「常在戦場」と見て全力投球してきた箕谷世代にとって、生きることは仕事であり、仕事とは人との出会いがある楽しみであり、その仕事がうまくいくことが生きがいとなっている大人が次世代に残せるものをつくっていく。

簡単に羅列できる言葉ではあるが、いずれもきっちりと実践し、実現してきた箕谷だからこそ言えることであり、それらは闘いであったはずだ。顧客に対する賀状戦略のなかで、「たった一度の人生だから」を語っている。その漫談調のリズムと可笑しさが、「箕谷ワールド」の真骨頂とも言える。

『たった一度の人生なのに』

たった一度の人生なのに／　力も出さずに高給を／　尽心《じしん》も知らず公僕を／
努力もせずに世に阿《おも》ね／　ああ息子よ／　三歩下がって妻の影／　踏まぬ父を見ならうや／

ファミコンやって青春《とき》潰し／　車が去って靴残り／　ズボンを下げて踊っていても／
二十五過ぎたら輝こう
我が子に背中を見せる時が近いのだから

たった一度の人生だから／　昔ギャートル　石オノで／　屯田兵は鍬・鎌で／
家族を守る男振り／　男がゴミを出す前に／　天下国家を論じたか／　規範の薄さ悩んだか／
心の貧しさ知ってるか／　ああ息子よ／　苦労なくして楽しむなかれ
子供は背中を見て育つのだから

たった一度の人生なのに／　バブルに浮かれたその後は／　愛しい我が子に廻るツケ／
利尻の富士（おやま）に恥じなきを／　心の不備はやさしさで／
男の貧しさ大ボラで／　昆布教とはいかない迄も／　男の生きざま考えよ
子供は背中で理解（さと）るのだから
―息子は私の背中などまるで見ていなかったのであります―

（一九九七年）

一九九七（平成九）年の賀状であり、開業七年目にして「ホラ吹き昆布館」を開設した年である。この年は消費税が三パーセントから五パーセントに増税され、北海道拓殖銀行がまさかの倒産となり、北海道経済が冷え込んだ年でもある。

この年の「利尻屋みのや」の売り上げは前年比一二二・九パーセント、一億八六〇〇万円と二億円に手が届く売り上げとなった。そのうち通販の割合は六六〇〇万円と、実に三分の一を占めていた。前年に売り上げ一億円を突破しており、商売において好調さが見えはじめた時期である。

リスクの高いと思われていた「昆布商」を、奇想天外な発想でヒット商品に仕立て上げた簑谷修の商い人生とは、傍目には「道楽」とも映りかねない奇策で億単位の投資をし、しかも借金をしてまでも「遊び心」たっぷりに夢を現実化していった。まるで戯作者の業のようである。

これほど「遊び心」に託せる度量もまた、人並み外れたものである。発想と努力の集積は他を寄せ付けない。といって、野心家でもなく、夢想家でもない。いかにしたら地味な存在の昆布を観光土産品として売り出すことができるのか、原産地の北海道でいかに付加価値をもたせた製品化を図れるのか、またそれをメジャー商品に格上げするためにはどうすればいいのかなど、日々の葛藤から生み出されたのが「簑谷［昆布史観］ワールド」であった。

明治・大正・昭和戦前期の港湾商都の「化石」のような街並みが残り、しかも保守的で受動的な姿勢が強い小樽という市民風土に、郷土愛をむき出しにした街並み復活を標榜してきた簑谷修。

小樽生まれではない商人という、「小樽っ子」から疎まれそうな存在を隠そうともせずに、利尻島出身であることを堂々とさらけ出している。

大正時代の街並み復権に五億円以上の私財を投じて、堺町通りの再興に乗り出した。北一硝子や小樽オルゴール堂と双肩できるだけの位置を目指して全力投球してきた今日、簔谷の事業を「趣味道楽」と片づけられる商人がほかにいるだろうか。

答えは否である。しかも、平成の街づくりの戯作者としてここまで身を投じることができたことは、簔谷修一世一代の「夢芝居」とも映るのだが、現実の商いの面では計算され尽した簔谷流の仕掛けが存在している。

どうやら小樽には、時折、夢に私財を投じる人物が現れるようだ。たとえば、こんな人物がいた。

『図説小樽・後志の歴史』（郷土出版社）によると、一九〇八（明治四一）年、三九歳で小樽に足を踏み入れた寿し職人加藤秋太郎は、花園町で「蛇の目寿司」を開業して大当たりした。進取の気性に富む秋太郎は、アメリカのナショナル金銭登録機を導入したり、小樽で最初のネオンサインを看板に取り入れた。店舗経営も、寿司のほかに中華料理やフランス料理などとジャンルを越えた店を経営して成功を収めた。

こんな秋太郎が酔った景色が小樽にある。小樽市街地からバスで二〇分ほど、一九六三年にニセコ積丹小樽海岸国定公園に指定された、標高三七一メートルの赤岩山の稜線が日本海に突き刺さる断崖絶壁の海岸線にある「オタモイ遊園地」である。足を運ぶにつれ「ここなら小樽一、いや北海道一の景色である」と確信した秋太郎は、ここを一大観光地にするべく、一九三二（昭和七）年に商いで得た私財を投じる決意を固めた。

関西学院大学社会学部島村恭則ゼミのブログ「オタモイの記憶——遊園地と地蔵」によると、秋太郎にオタモイの景勝地があることを話したのは、「蛇の目」に料理用の鯉を納めていた「長橋の広部養鯉園の当主」であるという。

切り立った断崖は、人を寄せ付けない急峻の地。建物を建てるには至難の場所と思われたが、秋太郎は海にせり出した岩盤に目をつけ、京都の清水寺と同じ工法である「懸け造り」や「崖造り」の

旧「オタモイ遊園地」の龍宮閣

建築工法を取り入れて三層構造の「龍宮閣」を起ち上げた。そのほかにも遊園施設の「弁天堂」や一三〇人が収容できる「弁天食堂」も造られ、構想から三年後の一九三五（昭和一〇）年六月、秋太郎六五歳のときに鳴り物入りで開業した。

「夢の里　オタモイ遊園地」と名付けられ、海岸線に下ると「白蛇弁天堂」や「弁天食堂」、「演芸場」が広がり、断崖伝いに「唐門」トンネルを抜けていくと三層の楼閣「龍宮閣」の威容が現れ、小樽っ子の度肝を抜いた。一日に数千人もの客が訪れる日もあるほどの評判を呼んだという（当時の営業期間は、五月五日から一一月三日まで）。

しかし、秋太郎の夢は戦争がはじまるとともに萎みはじめた。贅を極めたような遊園地に、戦時下の倹約風潮もあって潮が引くように客足が遠のき、客を運ぶ自動車も軍に徴用され営業がおぼつかなくなった。そして一九四二（昭和一七）年、秋太郎は割烹「蛇の目」とともに「オタモイ遊園地」を手放すことになった。

戦後、秋太郎は失意のうちに住み慣れた小樽の地を離れて故郷の愛知県に戻り、八六歳で生涯を閉じている。

小樽を去って二年後の一九五二（昭和二七）年五月九日、人手にわたって再開を目前にしていた「龍宮閣」は、漏電により出火（諸説あり）、折からの風速一五メートルの風に煽られるように紅蓮の炎に包まれて一時間ほどで焼失したという。残ったのは、移設された唐門と礎石だけである。夢を偲ばせるにはあまりに虚しい残滓であった。加藤秋太郎が「小樽っ子」に捧げた夢は、時代に打ち砕かれてしまったのである（写真ブログ「嵯峨秋雄　北の風景」に当時の貴重な写真が公開されている）。

簑谷と比較するのは早計だろう。ただ一つ言えることは、簑谷には時代読む嗅覚が鋭いということである。その嗅覚がじつに面白い。そして、相応の人的、資金投資をしたがゆえに今日の商いが存在している。

企画や発想において、周囲に意見を聞いて概ね賛同を得た場合は概して成功を望めない。また、平凡な企画や商いをして、まちがいを起こさないようにという抑制力が働くと突拍子なアイデアは生まれないと言う。簑谷が考え出したキャッチコピー「七日食べたら鏡をごらん」は、妻に意見を聞いたところ「恥ずかしいからやめて」という反応があったことから、「それなら効果あり」として使ったものである。

リスクを覚悟で臨まなければ物事の改革はできない。他人が手を出すなということは、手を出してちゃんと努力すれば報われるという成功譚も用意されているということである。簑谷の行動哲学には、独立独歩の気概で驀進する力量が含まれている。しかも、徹頭徹尾シミュレーションして、その流れを読み尽くしている。この点について簑谷は、かつてのサラリーマン時代を振り返って次のように自己分析する。

「三五歳で一番若い課長になったが、五〇歳までそのまま、万年課長でした。出世街道の落伍者でした。あるとき上司から言われたのは、『お前そんなに自分の思う通りのことをやりたかったら、独立しなさい』でした。企業の枠に入りきれなかった。会社にいたことがとても惨めで、この会社には向かないなと思いました」

「たった一度の人生なのに」、自分の努力と違うことが優先される現状に簑谷はついていくことができなかったのだ。それならば、社長としての生きがいについてはどのように考えているのだろうか。

「どう生きるか、自分の可能性を追求したかっただけです」と言い切る簑谷修の言葉にこそ、「たった一度の人生」を「昆布屋」に賭けて勝負したという達成感がうかがえる。宮仕えに一生を捧げるサラリーマンが圧倒的多数を占める社会で、「自分の可能性」を追求できた簑谷の人生こそ傍目には羨ましく映る。

「ホラばかり吹いている、おかしなやつですよ」

簑谷の裏声が聞こえてきそうである。

付録——「講談」昆布のひとりごと

付録として以下に掲載するのは、簑谷修が昆布店を開業するに際して学習した、膨大な昆布にまつわる歴史をコンパクトに創作した「昆布のひとりごと」である。いわんや「簑谷修のひとりごと」なのだが、簑谷流「昆布史観ワールド」ここに極めりとも言える昆布の世界史となっている。「昆布」の独白をもって私説「昆布史」を唱える大胆さに驚くが、痛快なまでに簑谷の諧謔《かいぎゃく》主義が潜んでいる。実に愉快な昆布が語るストーリー、第2章で紹介した「ホラ吹き昆布館」のパネルとともに楽しんでいただきたい。

奥州藤原文化を支えた十三湊安東水軍の
昆布ロード「北の海みち」図

前略

わたくし、昆布でございます。

日頃、ひかえめに、表には、あまり自己主張をしない、わたくしですが、せんえつながら申し上げますと、実は、この日本の長い歴史の流の中にも意外と、知られざる昆布との、かかわりがあったことをご存知ない方が多いと思います。

ご家庭にあっても、いつも日陰者のようなわたくしですが、いざ出番がまいりますと、歴史の中でもしっかりと、こくと風味とだしを効かせてまいりました。

身分をわきまえずと、お思いでしょうが、しばらくは、この日陰者のつぶやきを、お聞きくだされば幸いです。

敬具

最古、最長の豊な時の流れ、縄文

今から一万二〇〇〇年前、日本列島で土器が作られ始め、縄文時代と呼ばれる時が流れはじめていました。これ以後の、弥生時代（六〇〇年）、古墳時代（三〇〇年）に比べ、縄文の時代は一万年以上も続いていたのですから、それは世界的に見ても、土器文化としては最古、最長の快適な暮らしが営まれていたことを意味します。

西欧での文化は、古くから定着、生産農耕が伴います。日本の縄文時代も多少の農耕は行われてはいましたが、中心はやはり狩猟、採集生活だったのです。このことは、文化の遅れを意味するのでしょうか？　いや、逆に生産農耕の必要がなかったから、争いもなく、平和な日々が長く続いた時代でした。

うっそうたる照葉樹林に覆われた、温暖なこの島国は縄文人に豊な実りをもたらしてくれていました。豊な魚介類、木々の実り、動物たち、そして、わたくし『昆布』。人々は、一日の二、三時間ほどを採集労働に費やすだけで、生活は満たされていたのです。

そして、今から三〇〇〇年ほど前、晩期縄文文化期は日本列島東北地方を中心に、一気に花開きました。それは、酒と祭りの日々とでも呼びたくなるような、様々な祭祀用具を伴っての登場でした。黒光りした土器と、異様な仮面が踊りだしたこの頃、日本列島南西部では、新たに米と人と異文化が上陸しようとしていたのです。

亀ケ岡式土器と呼ばれる土器は、縄文文化期晩期に東北地方で発達しました。この亀ケ岡式土器は、

亀ヶ岡式遮光器土偶（レプリカ）

現在の陶芸品にも劣らぬ、高い技術と装飾を施していました。それは、初期、中期の土器には見られない独特なもので、黒く、硬く、丈夫なものが多く、形も多種多様です。

装身具、祭祀用具としては、土偶、土面、土板、耳飾、笛なども作られ、なかでも異様に目の大きな、まるで宇宙人を想起させるような遮光器土偶や、華麗な装飾を施した火焔土器は、優れた文化と芸術性を主張しています。これらの土器や土偶は、日本列島北東部に広く伝わり、亀ケ岡文化圏と呼ばれ、他地方のヒスイ、アスファルト、黒曜石等の交易品としても使われていたのです。もちろん、わたくし『昆布』も、縄文土器で煮炊きされたり、乾燥して保存食としても大いにもてはやされておりました。

一万年も栄えた縄文文化期が、なぜ弥生文化期に移行していったのか、それは、米と馬、人と武器の伝播と侵食が日本列島に上陸してきたからで、それはこれまでの平和で自由で、豊な食物に支えられてきた消費の文化が、蓄えと

利尻屋みのや取材班（吉田覚、横山聡史、
石川寿彦、簑谷修）が訪れたあらはばき神社

権力を持った異文化の渡来により、征服されていったことからです。

縄文文化人は、狩猟、採集、農耕と信仰を中心に、消費一辺倒であったために自滅の道を歩むことになったのかもしれません。それは、一大宗教（アラバハキ）を信仰する、独自の文明への発展をも秘めていたのかも知れません。

安倍比羅夫、蝦夷遠征により昆布登場

時代は、一万年の平和。縄文文化期から謎の多い弥生文化期、邪馬台国、卑弥呼の時代、そして古墳、飛鳥、白鳳時代へと移り、やっと、わたくし『昆布』が歴史上に登場することになります。

というのは、六五八年大和朝廷の将軍、安倍比羅夫が一八〇隻もの水軍を率いて日本海を北上、現在の東北、北海道を支配化におくために遠征にやってきて、昆布の存在を知ることになります。ただ、この時、都ではわたくし『昆布』のことを「軍布」「海藻」と書いて「メ」と読んでいました。この、安倍比羅夫の大遠征の理由は、朝鮮半島百済救済のための大演習ともいわれています（結果として、六六三年朝鮮半島へ出兵、白村江の戦いにて大敗北となります）。

また、もう一つの理由として、かなり以前から「東の夷、日高見国あり土地肥えて広し撃ちて取るべし」などと、勝手なことを言う都の人がおりまして、大遠征の後東北の地は、朝廷の支配

下になったかに見えていました。

七一五年、蝦夷の須賀君古麻比留《スガノキミコマヒル》という人が、昆布を朝廷に貢献したことが「続日本記」に記されていて、ここで初めてわたくしは『昆布』という文字で登場することになりました。

七一八年には「出羽の国の蝦夷八七人が千頭の馬を献上」。さらに、七四九年には「奈良の大仏造営の為、陸奥の国の「百済王敬福から黄金が献上」され、東北が一躍注目を浴びていきます。「続日本記」は七九七年にできますが、同時に坂上田村麻呂が征夷大将軍に任命された年でもありました。

侵略される奥陸日高見国

征夷代将軍坂上田村麻呂とアテルイ

朝廷の支配下に置かれ、俘囚と呼ばれた蝦夷たちは、搾取にも似たさまざまな税を納めさせられ、身分的にも束縛され、朝廷の命令に従わなければなりませんでした。

しかし、すべての蝦夷が俘囚として服従していたわけではありません、一部の在地民は、肥沃な土地に住み、生活が豊で独自の交易も広く、産出する砂鉄で舞草刀と呼ばれる刀や、農機具などを作る技術を持っていたので、朝廷に服従することなく、先祖伝来の社会生活を守っていました。それらの族長のひとりがアテルイでした。

朝廷から派遣された役人たちの中には、私腹を肥やすばかりか俘囚を敵視し、軽蔑し、ことさらに差別する者が多く、俘囚たちの間では、不満と不信が積もり積もっていくことになります。やがて、俘囚の怒りが爆発しました。朝廷側を離れ在地の人々と手を結び、ことあるごとに朝廷軍と衝突を重ね、先祖伝来の土地を守るべく、連合して立ち上がりました。

朝廷側は、あわてて何千、何万という軍を幾度となく派遣しますが、蝦夷たちにことごとく敗れ、敗退を重ねるばかりでした。蝦夷連合軍の族長は、陸奥北部で最も勢力を誇る胆沢のアテルイでした。

彼らの地の利を活かした巧みな戦術により、侵略者の陸奥進出を許さなかった蝦夷軍でしたが、八〇一年、征夷大将軍坂上田村麻呂が四万の軍を率いて多賀城（現在の宮城県多賀城市）に赴任してきました。

黄金と馬と昆布、豊穣の国への侵略

坂上田村麻呂の家系は上級戦士の家柄で、その祖先は渡来人です。田村麻呂の四代前の坂上翁がその人で、武器と馬とその技術を持って渡来し、朝廷に仕え高級武官として、六七二年の「壬申の乱」では、大海女皇子を勝利させるため大活躍した戦闘技術者でした。

この名門の家に生まれた田村麻呂は、七九四年に蝦夷遠征の副将軍として一〇万の兵とともに参戦し、蝦夷軍の巧みさをよく知ることとなった。八〇一年には、自らが征夷大将軍として赴任し、無駄な戦いはせずに、蝦夷の人々にヤマトの文化と東北開拓の意義を説き、胆沢城の築城にとりかかります。

この城は、攻略のための戦城ではなく、都の優れた文明を知らせる、村づくりのための役所としての機能を持たせたものでした。これによりアテルイらは、田村麻呂と戦ってもいずれは滅ぼされることを覚悟し、降伏することにしました。アテルイと副将のモレらは都へと連行され、田村麻呂の助命嘆願も空しく、八〇二年に公開処刑されてしまいます。今、田村麻呂と縁の深い京都清水寺に、この東北の二人の英雄の碑が建っています。

この頃、都ではわたくし『昆布』を、食品として、あるいは神事にも広く使うようになっていました。わたくし『昆布』は、「エビスメ」とか「ヒロメ」などと呼ばれておりました。

都で重宝されたのは、わたくし『昆布』だけではなく、黄金や馬、海獣、獣の毛皮、矢羽に使う鷲の羽、女性までも東北の美人画が求められたりで、東北物産が一大ブームとなっていました。

とくに馬は武士や貴族に大もてで、威風堂々と騎乗して歩くその姿は、憧れの的になっていました。トドやアザラシの毛皮も、珍しさが手伝ってか、貴族の間では真夏でも重ね着をして見せびらかすなど、奇妙なステータスシンボルとなっていました。

坂上田村麻呂の遠征後、蝦夷の支配は同属の中から選ばれた俘囚長による間接支配に変わっていきました。俘囚長には同族による数郡の支配も認められ、なかに奥六郡を治める安倍氏がおりまして、安倍頼良（のち頼時に改名）の時、最大勢力を持ちます。

この安倍頼時の勢力拡張に対し、朝廷は一〇五一年、源頼義、義家親子を征討に向かわせます。戦いは安倍頼時の娘婿、藤原経清の参戦もあり、地元安倍氏の有利に展開しますが、出羽の俘囚長、清原氏の朝廷軍の応援があり、安倍頼時が戦死、後を継いだ安倍貞任もよく奮戦しますが敗れ、厨川の柵の陥落を最後に安倍氏は滅亡し、藤原経清も捕らえられて処刑されます。

しかし、この「前九年の役」と呼ばれる闘いの中、安倍氏の娘と藤原経清の間に、やがて奥州平泉初代となる藤原清衡が生まれていました。

この戦いの後、清原家は俘囚長で初めて鎮守府将軍を命じられ、出羽、陸奥を支配する大勢力に発展していくことになりますが、この清原家の嫡男武貞に、安倍家の娘、経清の未亡人が無理やり再婚させられ、清衡も清原家で成長することになります。

国際貿易港、津軽十三湊の最大交易品、昆布

青森県北津軽郡市浦村十三湖（現・五所川原市）都から遠く離れたこの地に、すばらしい文化を持った港湾都市は確かに存在し、海を越え遠く海外とも交易を行っていました。

一二世紀から一五世紀後半、平安末期から鎌倉、室町、戦国時代の始まりで、環日本海交易の一大国際港として栄えた十三湊には、大きな館や寺院、土塁や掘割など京都の町屋にも似た、整然と区画された集落には約五〇〇〇人の人々が賑やかに暮らしておりました。

十三湊には、北方人やギリヤークの人々、中国、李朝、高麗などからも多くの船が出入りし、各国の言葉や品々が溢れていました。交易品はヒグマやアザラシ、クロテンなどの毛皮。中国、朝鮮の陶器類。矢羽や馬、衣服。日本からは瀬戸焼、珠洲焼、常滑焼などの陶器類。曲げ物、漆器、魚介の乾物。そして、わたくし『干し昆布』が輸出品の代表格として活躍。数多くの物と人とが、賑やかに交わっていきました（二四三ページの地図参照）。

それは、遠く三〇〇〇年前、ちょうどこの地で花開いた晩期縄文文化期、亀ケ岡文化期の再来でもありました。あのときも、じつは隠れた交易品の主役は、わたくし『昆布』だったことは、

あまり知られておりません。なぜなら、あの時代、書き残される文字も存在せず、貝や土器のように形を残せるわたくしではありませんでした。誰にも知られずに、今も沈黙を守り続けております。

この十三湊を支配していたのが、「安東水軍」と呼ばれる大水軍を率いる安東（安藤）氏です。安東氏は、日本海をまたにかけて交易し、日本沿岸はもとより樺太（現・ロシア領サハリン州）や朝鮮、中国、インドまでも交易範囲にしておりました。

安東氏の始祖は、前九年の役で朝廷軍に破れ、厨川で壮烈な戦死をした安倍貞任の第二子、高《たか》星丸《あきまる》と言われています。高星丸が藤崎に落ち延び、さらにその子孫が藤崎城主となり、十三湊を繁栄させています。

安東氏の系譜は、じつにたくさんあります。「藤崎系図」「安藤系図」「秋田家系図」「下国伊駒安倍姓之家譜」など三〇数種あるといわれております。主な系図に一致していることは、安倍貞任の子孫であり、安倍を本姓としていることです。

繁栄を極めた十三湊、安東氏は、やがて鎌

12世紀、十三湊における
昆布交易の図

倉幕府から蝦夷管領として、蝦夷地・北海道までをその管理下に置く治安の維持を任され、支配を広げていきます。

しかし、一四世紀頃、嫡流争いをめぐって五〇余年にわたる紛争が続き、やがて分裂します。一方で、南部氏、北畠氏、曽我氏、工藤氏などが割拠し戦火が続くこととなり、安東氏の一部は蝦夷地松前まで逃れ、再度兵力を整えて南部氏に抵抗を試みるのですが、一四五三年に破れ、安東（安藤）氏の正統は途絶えてしまいます。

東北の覇者、奥州平泉、藤原家

前九年の役の後、朝廷軍と手を結んで安倍一族を滅ぼした清原家は、しばらくの繁栄を誇ったのですが、長くは続きませんでした。一〇八三年、一族の間で争い事が勃発し、「後三年の役」が始まります。

この時、清原家には無理やり再婚させられた安倍一族の娘と、その連れ子清衡がすでに成人しておりまして、当然争いに巻き込まれていきます。ここで再び源氏の介入があり、源義家は清原一族を滅亡させ、清衡一人が勝ち残った形になりました。奥州平泉、藤原家の誕生です。

初代藤原清衡は「前九年の役」で敗れた安倍家の孫にあたり、母とともに苦難に耐えての再興でした。当然、十三湊で活躍している安東家とは同族関係にあり、平泉、藤原家繁栄の陰に、安東水軍とわたくし『昆布』の存在は欠かすことができません。

奥州平泉には、金色堂をはじめ豪華絢爛な寺院が建ち並び、独自の仏教文化を育む独立国家が形成されていきます。諸外国の宝物、仏典、仏具、装飾品などが安東水軍らよってもたらされ、産出する黄金や馬などにより経済的にも豊な国造りが進められていき、軍事的にも、奥州には一七万の騎馬軍団が存在すると噂され、恐れられておりました。

二代基衡、三代家衡と続いたそのとき、源義経が家衡を頼って平泉にやってきます。家衡は初代、藤原清衡のとき、源氏の加勢により「後三年の役」を勝利し、現在の藤原家があると、恩義を忘れず義経を歓待します。この時期、義経は、平泉で優れた騎馬戦闘戦術を身につけていきます。そして、兄頼朝の挙兵にあたって義経は馳せ参じ、各地で大活躍してやがて平家を滅ぼしてしまいます。

しかし、この後が困ったことに、兄頼朝と兄弟喧嘩。義経は再び家衡を頼って平泉へ参ります。このことが、平泉、藤原家滅亡へとつながっていきます。

源頼朝は、「後三年の役」で平泉初代藤原清衡に助勢した、源（八幡太郎）義家の四代後の源氏の棟梁でした。義経を討ち取る口実で、じつは累々と続く源氏の東北介入を、またも仕掛けることになります。

家衡は義経を受け入れ、最悪のときには、義経を総大将にして頼朝と戦うことを決意します。

ところが、まもなくして病に倒れ、帰らぬ人となりました。これを好機と見た頼朝は、大軍を率いて奥州平泉に攻め入り、藤原存亡を願い四代泰衡の手によって義経は討たれたことになっていますが、しかし、十三湊、安東水軍らの手によって義経は海を渡り、蝦夷地（北海道）へ逃れ、大陸に渡ってジンギス汗になった……という噂もチラホラー。

しかし、頼朝によって、栄華を極めた平泉、藤原家は滅びました。金色堂に眠る藤原三代の遺体の横に、四代泰衡の、額に楔を打ち込まれた跡のある首だけの遺体が眠り、その中に入れられていた一〇八つの蓮華の種の一部が、八〇〇年の時を経て、今美しく花を咲かせているということです。

激動の戦国時代、群雄の必需品、兵糧昆布

古代から戦国時代まで、普段の食事は粗食でした。一日朝夕の二回が普通で、一日三食となるのは江戸時代以降のことです。

しかし、いざ戦いとなると、これが一変し出陣に備えて腹一杯の食事を、夜食を含めて四回取れと「武家全書詳解」にかかれています。その量についても、平和時の倍を食べろと教え、これでよく腹を壊したり、眠くなったりしなかったものかと心配になります。

戦場へ着くまでは、米、塩、味噌、鍋など小荷駄で運んでいましたが、不意の戦闘に備えて「各自、『昆布』を細かく刻み醤油で煮しめて持参せよ」などと、その調理方まで教えている兵法書が数多くあります。

敵と対陣中まで食事は支給されていませんでしたが、戦闘が始まれば炊飯などに手をかけている暇はありません。そのため備えとして「腰兵糧」を携帯していました。中身はいろいろありましたが、一般的には握り飯に味噌や塩を塗ってやいたもの、ほかに炊いた飯を天日で乾燥させた干飯《ほしめし》に梅干の肉や黒砂糖、塩、味噌などをまぶしたもの。そして『昆布』を細かく切ったものや焼いたものも必需品で、これらを打違袋（うちちがいぶくろ）と呼ばれる底のない袋状の帯にいれられたわたくし『昆布』は、戦場を駆けるスタミナ源でした。

その腰兵糧もなくなったらどうするのか?

携帯用の非常食として「兵糧丸」がありました。これは、直径四・五センチの丸く固めた兵糧の一個一日分のエネルギー・カロリーが補給できると、各武家の兵法家によりさかんに研究されていました。これは、麻の実や黒大豆の粉に、そば粉、梅肉、人参、天草、鰻白干、山芋等に酒をまぜあわし、『昆布』を焼き潰した粉を塗して丸め、干し固めたものでした。小さくし携帯用に便利を図り、しかも保存食として優れものでした。

戦いは野戦ばかりではありません。直接敵の城を攻撃する城攻めがあります。これを得意としたのが豊臣秀吉でした。「干し殺し」「兵糧攻め」と呼ばれ、城を囲んで水や食糧の流入を断ち、飢餓状態にして降伏させる戦法があります。戦国時代の城主は、常にこの戦法を頭に入れており、城内に水と食糧の確保に努めていた。食糧は保存第一ですから、わたくし『昆布』はさいてきです。秀吉の家臣加藤清正の熊本城の内部には、土塁の中に大量の『干し昆布』が隙間なく埋め込まれていたことが、後の改築の際に発見されています。

秀吉の大阪城築城の時、石垣に使われる巨大な石を運ぶため、大量の『昆布』を濡らして敷き詰め、滑りやすくして運んだことや、築城人夫への労働賃金の一部を『昆布』で支払われていたともいわれています。

榎本武揚、土方歳三が夢見た「蝦夷独立国」の財源は昆布

薩摩藩、長州藩が手を結び徳川政権と衝突。一八六八年、鳥羽・伏見で始まる戊辰戦争がおこります。幕府軍は敗退を続け、東北の三一藩は、官軍となった薩長連合との戦いに備えて奥羽越列藩同盟を結びます。しかし、北上する官軍に、応戦むなしく敗走を重ねていきました。

このとき、幕府海軍を指揮していた榎本武揚は、幕府軍艦

榎本武揚と土方歳三

八隻を引き連れて江戸を出港、主力艦はオランダで作られたばかりの、当時最強といわれた軍艦「開陽丸」でした。

艦隊は、太平洋を北上し、東北各地の離散していた幕府兵や諸藩の敗残兵を収容するとともに、新撰組副長の土方歳三らとともに蝦夷地・北海道の渡島海岸に上陸、函館に入ると五稜郭を占領しました。この地で諸外国に向けて「蝦夷独立共和国」を宣言しました。

優れた外交手腕を持つ榎本は、留学経験のあったオランダを新国家の手本としました。オランダの面積は、北海道の約半分程度でありながら海軍力で世界に進出し、貿易立国として栄えていました。榎本は以前から北海道の豊かさを熟知しており、含み資源と開拓、西洋式農業の導入などで旧幕臣らも、十分な暮らしを立てられることを前提に、新独立国家構想をぶち上げたのでした。

幻の蝦夷昆布独立国

主な産物としては、豊富な農産物と海産物に加えて、石炭、火薬原料となる硫黄などもありましたが、このとき、蝦夷地の輸出総額の三割を占めていた物こそ、わたくし『昆布』でした。

当時、函館で『昆布』を買っていたのはイギリス商人でした。イギリスの貿易相手国は中国です。函館でも、琉球においても『昆布』は薬として扱う中国にとって貴重な物であり、高値で買い付けされていました。

函館における『昆布』輸出額は、一回で約二七万七〇〇〇両にもなっていました。これで米を買うと五万石。つまり、五万人の人を一年間養えることになるのです。年間輸出額で五〇万石から二〇〇石ありましたから、ほかの物産や開拓を含めても十分に国家として成り立っていく要素がありました。……わたくし『昆布』を、国家予算の柱に据えながらでした。

ところが、榎本艦隊の旗艦船だった開陽丸が江差沖にて難破し、沈没したのです。さらに、旧幕府がアメリカに発注ししていた軍艦ストーンウォールを新政府軍が手に入れて、函館にやってきました。

榎本軍は捨て身の攻撃をかけましたが、厚い鉄板に覆われ、アームストロング砲を備えた最新艦の威力には適いません。五稜郭が陥落し、土方歳三らも戦死、幻の『蝦夷昆布独立国』の夢ははかなく消えてしまいました。

次に掲載するのは、標題のテーマについて、簑谷自らが鹿児島、沖縄および中国の福州を訪ねてまとめたレポートである。

簑谷レポート・昆布が成した明治維新――薩摩の野望と琉球王国の哀しみ

明りとりの窓から、か細い光の差し込む中、裸電球に照らされた壁に、それはあった。

「海帯菜《ハイタイナ》　一五七〇〇〇〇斤（約八二トン）は道光一六年　琉球王朝が朝貢貿易品として中国の清王朝へ運んだ昆布の量である」

白扇《はくせん》・銅・鮑等記された表が、福州（かつて泉州とも呼ばれた）の「琉球館」に貼られていた。

「道光一六年」といえば、阿片戦争の四年前である。

国内では、浅間山の大噴火が引き金になったかのごとく、旱魃、飢餓、一揆が続年し、外では全アジアが欧米列強の奴隷にされようとしていた時代であった。

昆布は不老長寿の仙薬

二〇〇〇年のその昔、「秦の始皇帝が徐福に捜させた仙薬は昆布であったか」の伝説や、中国奥地には首にコブの出来る病気が多く、その薬として喉から手が出るように欲した。

六世紀の中国の『名医別録』にも海帯（昆布）が有効とあり、他の書物からも、昆布は往古よりの貴重な薬として渇望されていたことが分かる。

薩摩藩密貿易の琉球の湊で

日本一の貧乏藩　薩摩

薩摩は、シラスという土質構造のため農業生産が低く、長い戦乱の後、幕府による工事手伝いや、天候不順が続き百姓長逃散《ひゃくしょうちょうさん》、家来の禄も削り、幕府からも借金、参勤交替もままならぬほどのドン底にあり、その借財は五〇〇万両にも上り、利息だけでも六〇万両に達したという。

当時、藩の経常収支が約一二〜一三万両であったので、利息も払えず、藩主重年は、心痛のあまり若干二七歳で病死するありさまであった。

薩摩の琉球侵攻

徳川が天下をとると、外国である琉球が入貢することで「幕府の権威が高まる」とたきつけた。鉄を産せず農産も低い琉球は「明の冊封《さっぽう》」

本店階段に刻まれた
徐福伝説の碑文字

徐福伝説

を受け、海外交易に国家経営の道を求めた。唐物に目のない日本、特に薬種が飛ぶように売れた。幕府の鎖国令は、キリスト教の禁止と海外交易の独占にあった（特例として対馬と薩摩に限定付で認可）。

海外交易が膨大な利益を生むことを知っていた薩摩は、なんとしても琉球が欲しかった。一六〇九年、軍兵三〇〇〇、軍船一〇〇、鉄砲七〇〇で琉球に侵攻し、僅か一〇日で占領、国王以下重臣百余名を鹿児島へ連行したのである。中国より「守礼の国」とたたえられ、礼を守ることで「中継貿易」を行い、軍備を持たない平和主義が薩摩の侵攻を容易にさせてしまった。

天保の改革――調所広郷の登場

琉球に攻め入り財政改革を図ったが、情勢の変化もあり借財は膨らむばかりであった。一八二七年、意を決した藩主重豪《しげひで》は、小姓調所広郷を改革主任に抜擢して次なる命を下した。

（一）五〇〇万両の借金証文を取り返す
（二）幕府への上納金と軍費の用意
（三）一〇年で一〇万両の貯え

これに対して広郷は、驚愕すべき計画を立てる。

（一）借金踏み倒し

（二）　ニセ金造り
（三）　密貿易
であった。

薩摩飛脚は冥土の飛脚

借金踏み倒しは、五〇〇万両を二五〇年賦。一〇〇〇両に付き年四両だけ返し、利息は払わず、と詐欺そのものであった。

ニセ金は、マムシの出る村人の寄り付かぬ山奥に職工二〇〇人を閉じ込め、実に二九〇万両も造ったといわれているが、証拠はない。

さらに「一度の抜荷で蔵が建つ」といわれた密貿易に着手したのである。冨山は唐薬が欲しい。麝香・竜脳・沈香・山帰来・辰砂（麝香は当時から欣りも高価で、今でもキロ当たり一五〇〇万円もするという）。これら唐薬は、膨大な利益を生んだ。

有史以来、「隼人族」は、半独立国家ともいうべき文化圏を形成し、幕藩体制下においてもみだりに他藩の出入りを嫌った。まして、贋金、抜荷となれば徹底した。幕府も疑いを持ち、密偵を放ったが一人として生きて帰れなかった。これを「薩摩の冥土飛脚」と呼び、恐れられた。

富山の薬売りと組んだ昆布の抜荷

貿易の決裁に銀のあと銅に変わったが、昔から中国は近隣諸国の銅銭鋳造局であったため、日本からの銅が不足となった。

次に出てくるのが海産物の俵物《たわらもの》・緒色《しょしき》である。俵物とは俵で包むからその名があり、干鮑《ほしあわび》・煎海鼠《いりこ》・鱶鰭《ふかひれ》で、緒色とは、昆布・鶏冠草《とさか》・所天草《てんぐさ》・鰹節などである。

この中で、昆布が幕府の「独占物」であることが、以下のことで分かる。一八二五年、幕府に密告があった。

「俵物や三つ石昆布が清国に多量に出廻り、これは薩摩である」

これに対する薩摩の答弁は、

「三つ石昆布は遠国の物で、琉球産物の代物として調（あつら）えかねるから決して琉球に渡ることは無い」

また、平戸藩、松浦静山公の『甲子夜話』に、「薩摩が唐薬代物《とうやくだいもの》として昆布を流している」とある。

抜荷は、常に昆布が多く最盛期には五〇〇トンともいわれ、日本全生産量の一割にも当たる量であった。薩摩の唐物商法が北国筋と結びつくことで豪商が生まれた。富山では「長者丸」の密田家が有名で、売薬から廻船業、さらに金融業から北陸銀行を創立した名家である。

日本最初の工業団地「修成館」

昆布抜荷で財を成し、いち早く世界の趨勢を知った薩摩は、工業振興、軍備の近代化を図るべく、嘉永五年藩主斉彬の命により、反射炉・溶鉱炉・ガラス工場などで、大砲・小銃・火薬、さらには三本マストで全長三〇メートル、砲一六門の軍艦を造った。

この一大工業団地ともいうべき施設は、藩主別邸の磯地区の「集成館」である。軍艦以外は、一八六三年の薩英戦争で世界最強の英軍に大損害を与えた軍備がここで造られたもので、これが縁で英国は薩摩を応援することになる。

しかし、苦心の末、財政改革を成し遂げた広郷であったが、一八四六年幕府より抜荷の責めを問われ自殺をとげるのであった。

清国における阿片戦争の結末を知ることで、日本も危ないと、倒幕に邁進する薩摩。一八六四年、西郷隆盛と坂本龍馬会見。一八六六年、薩長連合。一八六七年、徳川慶喜大政奉還。薩摩藩が、主導力を持って日本を植民地化される危機から救ったことは歴史が証明している。

世界最初の昆布養殖は桜島

開明君主として名高い島津斉彬、在位僅か七年の間、西郷隆盛を世に出し、殖産興業を成し、さらには昆布の種を取り寄せ桜島で養殖実験を行った記録がある。結果的に失敗しているが、昆布を戦略物資としていかに重視していたかが分かる。

琉球王国の哀しみ

わたしは、安里屋《あさとや》ユンタの唄が好きだ、琉球が歴史上に表われるのは少し遅く、ようやく一五世紀に入って統一王朝が出現した。

ところが、一六〇九年の島津侵攻。一八七九年の琉球処分。現代史では一九四五年に米軍上陸。一九七二年祖国復帰。

島津侵攻に伴う国王と国民の苦労は、平成の今でも形こそ変えながら残っているような気がする。昆布密貿易を追っていく過程で、幸いにも日本は植民地化より免れることができたが、その陰にある琉球王国の哀しみの深さを知ることで、「琉球王国のあった沖縄」をより身近に感じることができた。

あとがき

簑谷修さんは凄い！　古代から脈絡をもつ昆布の道の歴史について、文字化された資料の読み込みはもとより、沖縄を含む日本国内をはじめ韓国、台湾、中国と歴史の舞台となった現場にしっかりと足を運び、昆布の痕跡や伝承の現場をきっちりと抑えてきた。その取り組み方は徹底しており、そのための投資も惜しまない。

とかく知識の集積のみで「頭でっかち」になりがちな歴史研究家とは違い、実証にも重点を置いている。「ホラ吹き昆布館」においては、歴史の本筋を抑えて紹介する一方で、楊貴妃を簑谷好みの女性をモデルにして美人画としたり、昆布を絡めて美人の秘訣の素を論じてしまう簑谷流の諧謔も、遊び心満載で非常に面白い。類い稀な才能、としか言いようがない。感心するほどの博識なのに、「単なるほら吹きですよ」と謙遜する。

とにかく、何事にも徹底して力を注ぎ、些細なことも決して疎かにしない。歴史検証だけでなく建築設計の才能にも恐れ入る。工業高校卒業の実績はあるにしても、自らのモチーフで建物のパースを描き、正確な設計図を引いて大工にわたしている。もちろん、鋸や鑿を手に大工仕事も器用にこなす。頼まれたプロの大工がやりぬくいのではと思うほど、設計や建築への造詣が深く、緻密にして芸が細かい。

「なるべくお金をかけないでやるためですよ」と簑谷さんは事もなげに笑うが、どっこい何事も玄人はだしの御仁である。しかも、凝りに凝っている。

「七日食べたら鏡をごらん」というキャッチコピーにして、プロも舌を巻く絶妙なレトリックを編み出した。昆布製品のネーミングも、失笑しそうなシャレを駆使しながら商品の中身を的確に表現しているから説得力がある。長男の和臣さんは、「父の直観力は凄いです」と評するが、直感力はもちろんのこと、企画力、構成力、創造力も人並み外れた才能の持ち主である。

そんな簑谷修さんに接してほぼ二〇年となる。出版の企画を持ちかけて六年あまり。「本に書かれても、いつつぶれるか分からない会社ですから恥をかくだけです」と、断られ続けた。

「利尻屋みのや」の創業当初は、小樽の観光客入込数が右肩上がりに伸びていたこともあって、簑谷流の仕掛けが功を奏して順調に売り上げを伸ばしてきた。ところが、新たな店舗展開を試みたあたりから、経営戦略は大きく舵を切ることになった。本文でも紹介したように、小樽市内、とりわけ色内・北浜・南浜・堺町・港町・有幌などに残る歴史的な建造物や遺構を採りいれた景観を生かし、「街並みは産業・街並みは文化」をモットーに掲げ、観光客を増やすための仕掛けを試みたのである。

歴史的建造物を目玉とした街並み保存に力を入れて、観光小樽の基礎固めに賭け、率先して「出世前広場」を造り、堺町通りの火付け役を買って出た。傍目には「道楽」と映りそうな街への投資を率先して行ってきた。それが、簑谷さんの言う「先に死んでいく大人の務めがある」の裏付けなのだろう。

「公《おおやけ》のために」と考える簑谷さんの想いをうかがったことがある。

「利尻島の雑貨屋に生まれましたが、親の生き方を見て、男の仕事とは金儲けだけではないぞ、『公』に尽くすことだぞ、ということを教わってきました。利尻島での生活は、冬場は朝目が覚めると布団の周りに雪がたまっているようなところでしたが、近所の人たちはお酒を飲むと村を『ああしたい』、『こうしたい』と村のあるべき姿の理想や理念を鼓舞する場となっていまして、そんな環境に育ったため、目覚めたのだと思います」

簑谷さんの「公」に対する想いは、現在も実践し続ける街並み再生に反映されている。「出世前広場」の一隅で無料開放している「小樽歴史館」において小樽の歴史を解説するとともに、今日までの小樽発展の礎石となってきた会社や人物を紹介し、「小樽獅子の時代」と掲げる現代版小樽商人の姿も取り上げている。取り上げられているすべての人が「公」のために惜しまず尽力された人たちだが、パネルに描かれていないもう一人の「獅子」こそ簑谷修さんではないのか、というのが筆者の感想である。

ところで、その簑谷さんを、陰になり日なたになり支えてきたのが茂子夫人である。夫人の存在を抜きにして、簑谷修像を語りきることはできない。これまで自由奔放な生き方をしてきた夫に対する「不満」などが聞けると期待して、いくつかの質問をしてみた。

筆者　五〇歳で脱サラすることについて、相談はあったのですか？

夫人　何がなんだか分からなかったですね。退職するという話は、友人のご主人の耳に入ったのをまた聞きして初めて知ったのですが、そのときは男ってこんなものなんだなぁーと思っていました。

意外にも、あっさりとした反応であった。次は、「七日食べたら鏡をごらん」というキャッチコピーについて尋ねてみた。

筆者　「こんなインチキ臭いの恥ずかしいからやめて」と、反対されたと簑谷さんは言っていましたが？

夫人　ちょっと怪しい、との印象を受けましたが、社長が「ホラ」を前面に出した商い戦略を掲げた以上、私もお客さんにもそう申し上げながらその路線で商うことにしました。
筆者　店の「看板」となっている「卑弥呼」の絵ですが、何か裏話はありますか？
夫人　社長は「初恋の人をイメージした」と言っていますが、具体的には、女優の松坂慶子と夏目雅子、歌手のジュディ・オングの三人を混ぜ合わせて描いてもらったようですよ。
筆者　仕事上ではどんな関係ですか？
夫人　会議では、いつもケンカばかりしています。とっくみあいがはじまるのでは……と社員をハラハラさせていますが、一分もしないうちに社長がご機嫌をとってくれるので社員は驚いていますよ。

会社では、遠慮をせずに発言するという茂子夫人、開店当時はホクレンに勤めていた母の紹介で、昼休みの時間にあわせてリヤカーに昆布を積んで出張販売に歩いたという。実に逞しく、頼もしい存在である。その逞しさは、スタッフ全員にまで伝搬している。会社の屋台骨をしっかりと支えてきた茂子夫人、腹の座った、自信にあふれた冷静な女性であると、あらためて思った次第である。

こんな茂子夫人について、かつて簑谷さんは次のように筆者に語っている。

「妻は度量が広く、私の行動を許容してくれてきましたから、とても頭が上がらない存在です。休みは元旦のみで、年中朝から晩までこき使ってきましたからね。しかも、五億円もの借金で投資を試みるなんてとんでもない寓居だし、離婚されても仕方のない自分だと思っています」

最後に、茂子夫人の社長評価と夫評価を尋ねてみた。その答えはなんと、「一〇〇点と九八点」という衝撃的なものだった。女好きを自認する簔谷さんの女房を選ぶ眼力も、天才的なものであるようだ。

本書が刊行されるまで、何度か原稿をお見せした際の簔谷さんの「評価」には恐れ入りました。筆者のこれまでの著作のなかで一番やさしい書き方で、面白いとの高い「評価」をいただき、面映ゆさを覚えた次第です。簔谷さんの昆布商い戦略や接客術といったマル秘の文書を使わせていただいたことや、簔谷さん自身のこれまでの所業など、お聞きしたこ

女性社員が率先して行う雪割作業

とが本書の面白さの核となっているからなのでしょう。

何よりも、小樽の観光地で「昆布屋と屏風は広げると倒れる」と言われた昆布屋を四店舗に広げ、手の込んだ仕掛けと演出による商いは、余人を以ても適わぬ才能が発揮されている。筆者が書きたいと思い続けてきた所以です。

取材に際して、いつも真正面からお付き合いいただき、腹蔵なくお話しいただき、資料等も全面的にご提供いただきました簑谷修さん、改めて御礼を申し上げます。広く世間に、簑谷修流で成功させた昆布商いを拙著として紹介できましたこと、それが何よりの恩返しと思っています。また、ご長男の和臣さんをはじめとして「利尻屋みのや」のスタッフのみなさまにも、この場をお借りして御礼を申し上げます。

最後になりますが、本書の出版に際しては株式会社新評論の武市一幸さんにお世話になりました。心よりお礼申し上げます。

二〇一三年　夏

川嶋康男

参考文献一覧

・尼岡邦夫・仲谷一宏・藪熙・山本弘敏『図解・北日本の魚と海藻』北日本海洋センター、一九八三年
・いき一郎『徐福集団渡来と古代日本』三一書房、一九九六年
・石原裕次郎『口伝　我が人生の辞』主婦と生活社、二〇〇三年
・上原兼善『鎖国と藩貿易』八重岳書房、一九八一年
・小樽市『小樽市史　第一巻』小樽市、一九五八年
・小樽市『小樽市史　第二巻』小樽市、一九六三年
・小樽市『小樽市史　第三巻』小樽市、一九六四年
・小樽市『小樽市史　第四巻』小樽市、一九六六年
・小樽総合博物館監修『図説小樽・後志の歴史』郷土出版社、二〇〇八年
・塩　照夫『昆布を運んだ北前船』北國新聞社、一九九三年
・司馬遼太郎・上田正昭・金達寿『日本の渡来文化』中央公論社、一九七五年
・新野直吉『古代東北の兵乱』吉川弘文館、一九八九年
・高良良吉『おきなわ歴史物語』ひるぎ社、一九九七年

・高良良吉『続おきなわ歴史物語』ひるぎ社、一九九七年
・高良良吉『「沖縄」批判序説』ひるぎ社、一九九七年
・舘脇正和・星澤幸子『食べてわかった昆布パワー』北海道海洋センター、一九九九年
・千葉七郎『写真集　小樽の建物』噴火湾社、一九七九年
・中嶋暉浩編『昆布』社団法人日本昆布協会、一九七六年
・北郷泰道『熊襲・隼人の原像』吉川弘文館、一九九四年
・宮野政雄編『道々臨港線　小樽運河』北苑社、一九七五年
・宮松とし子『三代目女将が語る海陽亭』小樽本店海陽亭、二〇〇三年
・渡辺悌之助『小樽運河史』小樽市、一九七九年

著者紹介

川嶋康男（かわしま・やすお）

ノンフィクション作家。北海道生まれ。札幌市在住。

主な著書に、『夢は凍てついた』（三一書房）、『旬の魚河岸北の海から』（中央公論新社）、『永訣の朝』（河出書房新社）、『いのちの代償』（ポプラ社）ほか。

児童ノンフィクションとして、『縄文大使カックウとショウタのふしぎな冒険』（くもん出版）、『いのちのしずく』『北限の稲作に挑む』（ともに農文協）、『大きな時計台小さな時計台』『えりも砂漠を昆布の森に』『干がたは海のゆりかご』（ともに絵本塾出版）ほかがある。

『大きな手大きな愛』（農文協）で第56回産経児童出版文化賞JR賞（準大賞）を受賞。

七日食べたら鏡をごらん
—ホラ吹き昆布屋の挑戦—

2013年9月25日　初版第1刷発行

著　者　川　嶋　康　男
発行者　武　市　一　幸

発行所　株式会社　新　評　論

〒169-0051
東京都新宿区西早稲田3-16-28
http://www.shinhyoron.co.jp

電話　03(3202)7391
FAX　03(3202)5832
振替・00160-1-113487

落丁・乱丁はお取り替えします。
定価はカバーに表示してあります。

印刷　フ　ォ　レ　ス　ト
製本　中　永　製　本　所
装丁　山　田　英　春

Printed in Japan
ISBN978-4-7948-0952-0

好評既刊　北欧のまちづくりに学ぶ本

松岡憲司
風力発電機とデンマーク・モデル
地縁技術から革新への道

ドイツやオランダとの比較も交えつつ日本での課題と指針を展望。
［A５上製　２４０頁　２６２５円　ISBN4-7948-0626-4］

松岡洋子
エイジング・イン・プレイス（地域居住）と高齢者住宅
日本とデンマークの実証的比較研究

北欧・欧米の豊富な事例をもとに「地域居住」の課題を掘り下げる。
［A５並製　３６０頁　３６７５円　ISBN978-4-7948-0850-9］

松岡洋子
デンマークの高齢者福祉と地域居住
最期まで住み切る住宅力・ケア力・地域力

ケアの軸を「施設」から「地域」へ！「地域居住継続」の先進事例。
［四六上製　３８４頁　３３６０円　ISBN4-7948-0676-0］

福田成美
デンマークの環境に優しい街づくり

世界が注目する環境先進国の「新しい住民参加型地域開発」を詳説。
［四六上製　２５６頁　２５２０円　ISBN4-7948-0463-6］

S.ジェームズ&T.ラーティ／高見幸子 監訳・編著／伊波美智子 解説
スウェーデンの持続可能なまちづくり
ナチュラル・ステップが導くコミュニティ改革

過疎化、少子化、財政赤字…「持続不可能性」解決のための事例集。
［A５並製　２８４頁　２６２５円　ISBN4-7948-0710-4］

＊表示価格はすべて消費税（5%）込みの定価です。